1章 場合の数と確率

1節 場合の数

1 集合と要素 ➡教p.6〜8

例①

例②

まとめ

1 問題文

➡教p.6 問1

2 問題文

➡教p.7 問2

ステップノート 数学Ａ

―――― 数A 708 「高校数学A」完全準拠 ――――

もくじ

1章 場合の数と確率

1節 場合の数

1 集合と要素

例 1 次の集合を，要素をかき並べて表してみよう。

(1) 10 の正の約数の集合 A

(2) -2 以上 4 未満の整数の集合 B

▶ (1) $A = \{1, 2, 5, 10\}$

(2) $B = \{-2, -1, 0, 1, 2, 3\}$

集合と要素

属するものがはっきりとわかるような数やものの集まりを**集合**という。集合をつくっている1つ1つのものを，その集合の**要素**という。

例 2 集合 $P = \{1, 3\}$, $Q = \{2, 6\}$, $R = \{2, 4, 5\}$ のうち，$A = \{1, 2, 3, 4, 5\}$ の部分集合であるものは P と R だから

$P \subset A$, $R \subset A$ である。

部分集合

集合 A のすべての要素が集合 B の要素になっているとき，A は B の**部分集合**であるといい，$A \subset B$ と表す。

---

1 次の集合を，要素をかき並べて表しなさい。 教 p. 6 問1

(1) 15 の正の約数の集合 C

(2) -3 以上 2 未満の整数の集合 D

(3) 15 以下の自然数の集合 E

(4) 10 以下の素数の集合 F

2 集合 $A = \{1, 2, 3, 4, 6, 12\}$ の部分集合を次の集合から選び，記号 $\subset$ を使って表しなさい。

$P = \{1, 2, 4\}$

$Q = \{3, 4, 5\}$

$R = \{2, 12\}$ 教 p. 7 問2

例 **3** 8以下の自然数の集合を全体集合とし，2の倍数の集合を A とするとき，
A の補集合 $\overline{A}$ を求めてみよう。

▶ $\overline{A} = \{1,\ 3,\ 5,\ 7\}$

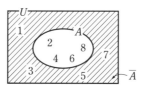

全体集合と補集合

①あらかじめ定めておく集合 U を**全体集合**という。
②全体集合の要素の中で，集合 A に属さないすべての要素の集合を A の**補集合**といい，$\overline{A}$ で表す。

例 **4** 次の集合 A, B について，$A \cap B$ と $A \cup B$ を求めてみよう。

(1) $A = \{2,\ 4,\ 6,\ 8\}$, $B = \{1,\ 3,\ 4,\ 5,\ 8\}$

(2) 9の正の約数の集合 A,
12の正の約数の集合 B

▶ (1) $A \cap B = \{4,\ 8\}$
$A \cup B = \{1,\ 2,\ 3,\ 4,\ 5,\ 6,\ 8\}$

(2) $A = \{1,\ 3,\ 9\}$, $B = \{1,\ 2,\ 3,\ 4,\ 6,\ 12\}$
よって
$A \cap B = \{1,\ 3\}$
$A \cup B = \{1,\ 2,\ 3,\ 4,\ 6,\ 9,\ 12\}$

共通部分と和集合

①2つの集合 A, B の両方に属している要素全体の集合を A と B の**共通部分**といい，$A \cap B$ で表す。
②2つの集合 A, B のどちらか一方，あるいは両方に属している要素全体の集合を A と B の**和集合**といい，$A \cup B$ で表す。

3 20以下の自然数の集合を全体集合とするとき，次の集合 A, B の補集合 $\overline{A}$, $\overline{B}$ を求めなさい。 ⇒教p.7 問3

(1) 3の倍数の集合 A

(2) 4の倍数の集合 B

4 次の集合 A, B について，$A \cap B$ と $A \cup B$ を求めなさい。 ⇒教p.8 問4

(1) $A = \{1,\ 3,\ 5,\ 7\}$
$B = \{1,\ 3,\ 4,\ 5,\ 6\}$

(2) 8の正の約数の集合 A,
12の正の約数の集合 B

例 **5** 40 の正の約数の集合を A とするとき, $n(A)$ を
求めてみよう。

$$A = \{\, 1, \ 2, \ 4, \ 5, \ 8, \ 10, \ 20, \ 40 \,\}$$

よって　$n(A) = 8$

集合の要素の個数

集合 A の要素の個数を $n(A)$
で表す。

例 **6** 20 以下の自然数の集合を全体集合とし, 5 の倍数
の集合を A とするとき, $n(\overline{A})$ を求めてみよう。

全体集合を U とすると

$$n(U) = 20$$

$A = \{\, 5, \ 10, \ 15, \ 20 \,\}$ だから

$$n(A) = 4$$

よって　$n(\overline{A}) = n(U) - n(A)$

$$= 20 - 4 = \textbf{16}$$

補集合の要素の個数

$$n(\overline{A}) = n(U) - n(A)$$

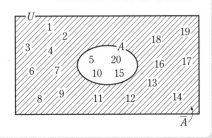

5 次の集合 A について, $n(A)$ を求めな
さい。　　　　　　　　　　　⬅教 p.9 問5

(1) 25 の正の約数の集合 A

(2) 50 の正の約数の集合 A

(3) 40 以下の自然数のうち, 7 の倍数の集
合 A

6 次の問いに答えなさい。　⬅教 p.9 問6

(1) 30 以下の自然数の集合を全体集合と
し, 4 の倍数の集合を A とするとき,
$n(\overline{A})$ を求めなさい。

(2) 60 以下の自然数の集合を全体集合と
し, 5 の倍数の集合を A とするとき,
$n(\overline{A})$ を求めなさい。

例 **7** 30 以下の自然数の集合を全体集合とし，3 の倍数の集合を A，4 の倍数の集合を B とするとき，$n(A \cup B)$ を求めてみよう。

$A = \{3, 6, 9, 12, 15, 18, 21, 24, 27, 30\}$

$B = \{4, 8, 12, 16, 20, 24, 28\}$ だから

$A \cap B = \{12, 24\}$

よって　$n(A) = 10$

$n(B) = 7$

$n(A \cap B) = 2$

したがって

$n(A \cup B) = n(A) + n(B) - n(A \cap B)$

$= 10 + 7 - 2$

$= \mathbf{15}$

和集合の要素の個数

2 つの集合 A，B とその共通部分 $A \cap B$，和集合 $A \cup B$ の要素の個数について
$$n(A \cup B) = n(A) + n(B) - n(A \cap B)$$

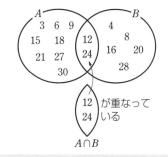

7 20 以下の自然数の集合を全体集合とし，2 の倍数の集合を A，5 の倍数の集合を B とするとき，$n(A \cup B)$ を求めなさい。　　⊃教 p.11　問 7

8 クラスの生徒 40 人について調べたところ，夏休みに山へ行った生徒は 15 人，海へ行った生徒は 21 人，どちらにも行っていない生徒は 8 人だった。山と海の両方に行った生徒は何人いるか求めなさい。　　⊃教 p.11　問 8

検

例**8** あるレストランのランチセットでは，次の食べ物と飲み物から
それぞれ1品ずつ選ぶことができる。

　　食べ物：オムライス，ドリア，スパゲッティー

　　飲み物：コーヒー，紅茶

このとき，選び方は全部で何通りあるか求めてみよう。

　選び方をすべてかき並べると

　　　（オ，コ），（オ，紅），

　　　（ド，コ），（ド，紅），　　　　　　　←（オ，コ）はオムライスとコーヒーを
　　　　　　　　　　　　　　　　　　　　　　　　選んだことを表す。
　　　（ス，コ），（ス，紅）

となる。

よって，選び方は全部で **6通り**である。

場合の数の求め方

①上の例のように，（●，■）を用いてかき並べる。　②表を用いる。　③樹形図を用いる。

②表を用いる。

食＼飲	コ	紅
オ	オコ	オ紅
ド	ドコ	ド紅
ス	スコ	ス紅

③樹形図を用いる。

9 ある中華料理店のセットメニューでは，次の主食とおかずからそれぞれ1品ずつ選ぶことができる。

　　主　食：ラーメン，タンメン，チャーハン

　　おかず：ギョーザ，シューマイ，春巻

(1) 選び方をすべてかき並べ，全部で何通りあるか求めなさい。　⮕教 p. 12　問9

(2) 上の枠内②のようなすべての選び方を示す表をつくりなさい。⮕教 p. 13　問10

(3) 上の枠内③のような樹形図をつくりなさい。　⮕教 p. 13　問11

例 ⑨ 大小2個のさいころを同時に投げるとき，目の数の和が
3または5になる場合は何通りあるか求めてみよう。
目の数の和が3になる場合は 2 通り，
目の数の和が5になる場合は 4 通りある。
これら2つの場合は，同時に起こることはないから，
求める場合の数は

$$2 + 4 = 6（通り）$$

小大	⚀	⚁	⚂	⚃	⚄	⚅
⚀	2	3	4	5	6	7
⚁	3	4	5	6	7	8
⚂	4	5	6	7	8	9
⚃	5	6	7	8	9	10
⚄	6	7	8	9	10	11
⚅	7	8	9	10	11	12

例 ⑩ A班7人とB班9人の写真部員の中から，
代表をそれぞれ1人ずつ選ぶとき，選び方
は何通りあるか求めてみよう。
A班からの選び方が 7 通りあり，それぞれに
ついてB班からの選び方が 9 通りあるから，
積の法則より

$$7 × 9 = 63（通り）$$

和の法則

ことがら A の起こる場合が m 通り，こ
とがら B の起こる場合が n 通りあると
する。A と B が同時に起こらないとき，
A または B が起こる場合の数は
$$m + n（通り）$$

積の法則

ことがら A の起こる場合が m 通りあ
り，それぞれについて，ことがら B の
起こる場合が n 通りあるとき，A と B
がともに起こる場合の数は
$$m × n（通り）$$

10 大小2個のさいころを同時に投げる
とき，次の場合の数を求めなさい。

⊃教p.14　問12

(1) 目の数の和が6または9

11 ある食堂には，5種類の食べ物と4種
類の飲み物がある。この中からそれぞ
れ1種類ずつ選ぶとき，選び方は何通
りあるか求めなさい。⊃教p.15　問13

(2) 目の数の和が4の倍数

検

例 **11** 次の値を求めてみよう。

 (1) $_6P_2$ (2) $_7P_3$

▷ (1) $_6P_2 = \underbrace{6 \times 5}_{\text{2個の積}} = 30$

> **順列の総数**
>
> 異なる n 個のものから r 個取る順列の総数は
> $$_nP_r = \underbrace{n(n-1)(n-2)\cdots\cdots(n-r+1)}_{r\text{個の積}}$$

 (2) $_7P_3 = \underbrace{7 \times 6 \times 5}_{\text{3個の積}} = 210$

例 **12** A，B，C，D，E，F，G の 7 個の文字の中から 4 個の文字を選んで順に並べる とき，並べ方は何通りあるか求めてみよう。

▷ 異なる 7 個のものから 4 個取る順列の 総数だから

   $_7P_4 = 7 \times 6 \times 5 \times 4 = 840$ （通り）

12 次の値を求めなさい。 ⮕ 教 p. 17 問 14

(1) $_4P_2$

(2) $_5P_3$

(3) $_7P_5$

(4) $_8P_1$

(5) $_4P_4$

13 次の場合の数を求めなさい。

⮕ 教 p. 17 問 15

(1) 10 人の中から 3 人が 1 列に並ぶとき， 並び方は何通りあるか求めなさい。

(2) 9 人の野球選手の中から，1 番，2 番， 3 番の 3 人の打順を決めるとき，その 決め方は何通りあるか求めなさい。

例 **13** 次の値を求めてみよう。

(1) $5!$　(2) $3! \times 4!$　(3) $\dfrac{8!}{6!}$

(1) $5! = 5 \times 4 \times 3 \times 2 \times 1 = \mathbf{120}$

(2) $3! \times 4! = (3 \times 2 \times 1) \times (4 \times 3 \times 2 \times 1)$
$= 6 \times 24 = \mathbf{144}$

(3) $\dfrac{8!}{6!} = \dfrac{8 \times 7 \times 6 \times 5 \times 4 \times 3 \times 2 \times 1}{6 \times 5 \times 4 \times 3 \times 2 \times 1}$
$= 8 \times 7 = \mathbf{56}$

$1! = 1$	
$2! = 2$	
$3! = 6$	
$4! = 24$	
$5! = 120$	
$6! = 720$	
$7! = 5040$	
$8! = 40320$	
$9! = 362880$	
$10! = 3628800$	

例 **14** 4人が1列に並ぶとき，並び方は何通りあるか求めてみよう。

$4! = 4 \times 3 \times 2 \times 1 = \mathbf{24}$（通り）

14 次の値を求めなさい。 ⊃教 p.18 問16

(1) $2! + 3!$

(2) $2! \times 4!$

(3) $\dfrac{7!}{5!}$

15 6人の駅伝選手の走る順番を決めるとき，決め方は何通りあるか求めなさい。
⊃教 p.18 問17

16 8冊の本を本棚に1列に並べるとき，並べ方は何通りあるか求めなさい。
⊃教 p.18 問17

検

例 15 子ども 4 人，大人 5 人の計 9 人の中から 5 人が 1 列に並ぶとき，両端が大人，
中の 3 人が子どもである並び方は何通りあるか求めてみよう。

両端の大人の並び方は

$${}_5\mathrm{P}_2 = 5 \times 4 = 20 \ （通り）$$

この並び方のそれぞれについて，
中の 3 人の子どもの並び方は

←5 人から 2 人を
選んで並べる。

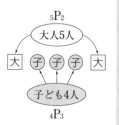

$${}_4\mathrm{P}_3 = 4 \times 3 \times 2 = 24 \ （通り）$$

←1 人から 3 人を
選んで並べる。

よって，求める並び方は

$$20 \times 24 = \mathbf{480} \ （通り）$$

←積の法則

例 16 子ども 3 人，大人 5 人の計 8 人が 1 列に並んで写真をとるとき，子ども 3 人が
となりあう並び方は何通りあるか求めてみよう。

子ども 3 人をまとめて 1 人と考えると，大人 5 人と
あわせた 6 人の並び方は　$6! = 720$ （通り）

この並び方のそれぞれについて，子ども 3 人の並び方は

$$3! = 6 \ （通り）$$

よって，求める並び方は

$$720 \times 6 = \mathbf{4320} \ （通り）$$

←積の法則

17 生徒 5 人，先生 3 人の計 8 人の中から
6 人が 1 列に並ぶとき，両端が先生，
中の 4 人が生徒である並び方は何通
りあるか求めなさい。 ⊃教 p. 19 問 18

18 子ども 4 人，大人 3 人の計 7 人が 1 列
に並んで写真をとるとき，子ども 4 人
がとなりあう並び方は何通りあるか求
めなさい。 ⊃教 p. 19 問 19

例 **17** 8人が手をつないで輪をつくるとき，並び方は
何通りあるか求めてみよう。

$$(8-1)! = 7!$$
$$= 5040 \text{（通り）}$$

例 **18** 1, 2, 3, 4, 5 の数字を使って3けたの整数を
つくる。同じ数字をくり返し使ってもよい
とき，整数は何個できるか求めてみよう。

$$5 \times 5 \times 5 = 125 \text{（通り）}$$

19 7人が円形のテーブルにつくとき，座り方は何通りあるか求めなさい。

⊃教p. 20　問20

20 4色のローソクをケーキの上に円形に立てるとき，並べ方は何通りあるか求めなさい。

⊃教p. 20　問20

21 1, 2, 3 の数字を使って4けたの整数をつくる。同じ数字をくり返し使ってもよいとき，整数は何個できるか求めなさい。

⊃教p. 21　問21

22 1枚のコインをくり返し6回投げるとき，表と裏の出方は何通りあるか求めなさい。

⊃教p. 21　問22

例 **19** 次の値を求めてみよう。

(1) $_4C_2$ (2) $_5C_4$

▶ (1) $_4C_2 = \dfrac{4 \times 3}{2 \times 1} = 6$

(2) $_5C_4 = \dfrac{5 \times 4 \times 3 \times 2}{4 \times 3 \times 2 \times 1} = 5$

組合せの総数

異なる n 個のものから r 個取る組合せの総数は

$$_nC_r = \frac{_nP_r}{r!} = \frac{n(n-1)(n-2)\cdots(n-r+1)}{r(r-1) \times \cdots \times 3 \times 2 \times 1}$$

↑必ず約分できて整数になる。

例 **20** 9 人のグループから 3 人を選ぶとき，選び方は何通りあるか求めてみよう。

▶ $_9C_3 = \dfrac{9 \times 8 \times 7}{3 \times 2 \times 1} = 84$ （通り）

9 からはじめて 3 個

3 からはじめて 3 個

23 次の値を求めなさい。 ➡️教p. 23 問 23

(1) $_3C_2$

(2) $_6C_3$

(3) $_8C_4$

(4) $_{10}C_1$

(5) $_5C_5$

24 囲碁部員 9 人の中から 4 人の選手を選ぶとき，選び方は何通りあるか求めなさい。 ➡️教p. 24 問 24

25 12 色の色鉛筆の中から 3 色を選ぶとき，選び方は何通りあるか求めなさい。 ➡️教p. 24 問 24

例 21 右の図のように，円周上に 5 個の点 A，B，C，D，E がある。
そのうち 3 点を選びそれらを頂点とする三角形をつくるとき，
三角形は何個できるか求めてみよう。

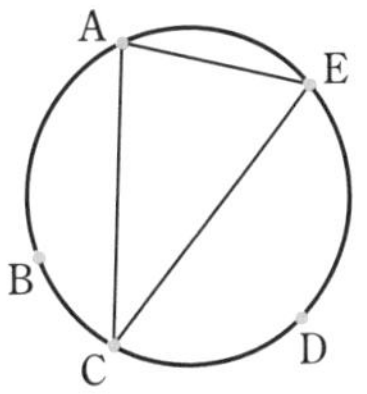

▶ 5 個の点から 3 個選ぶと三角形が 1 個できる。
よって，求める個数は

$${}_5C_3 = \frac{5 \times 4 \times 3}{3 \times 2 \times 1} = \mathbf{10} \text{（個）}$$

例 22 一年生 5 人，二年生 6 人の中から一年生 2 人，二年生 3 人を選ぶとき，
選び方は何通りあるか求めてみよう。

▶ 一年生 2 人の選び方は

$${}_5C_2 = \frac{5 \times 4}{2 \times 1} = 10 \text{（通り）}$$

この選び方のそれぞれについて，二年生 3 人の選び方は

$${}_6C_3 = \frac{6 \times 5 \times 4}{3 \times 2 \times 1} = 20 \text{（通り）}$$

よって，求める選び方は

$$10 \times 20 = \mathbf{200} \text{（通り）}$$

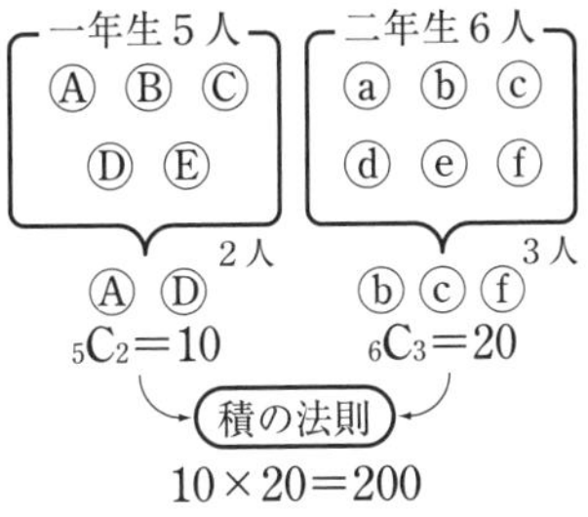

26 例 21 の 5 個の点を使うとき，四角形は何個できるか求めなさい。

➲教 p. 24　問 25

27 A 組 7 人，B 組 5 人の中から A 組代表 4 人，B 組代表 3 人を選ぶとき，選び方は何通りあるか求めなさい。

➲教 p. 25　問 26

検

例 **23** 右の図のように，長方形の縦と横の辺にそれぞれ平行な
線が引いてある。
この図の中に，長方形は全部で何個あるか求めてみよう。

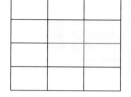

縦 4 本の中から 2 本，横 5 本の中から 2 本を
それぞれ選ぶと長方形が 1 個できる。
よって，求める個数は

$$_4C_2 \times {}_5C_2 = \frac{4 \times 3}{2 \times 1} \times \frac{5 \times 4}{2 \times 1}$$
$$= 6 \times 10 = \mathbf{60} \,（個）$$

28 次の図のように，長方形の縦と横の辺
にそれぞれ平行な線が引いてある。
この図の中に長方形は全部で何個ある
か求めなさい。 ⊃教p. 25 問27

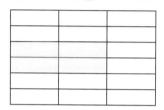

29 次の図のように，3 本の平行線①，②，
③と 6 本の平行線 a, b, c, d, e, f が
交わっている。これらの平行線によっ
てできる平行四辺形は全部で何個ある
か求めなさい。 ⊃教p. 25 問27

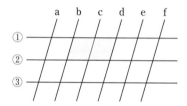

例 **24** 次の値をくふうして求めてみよう。

   (1) $_8C_6$ (2) $_{20}C_{17}$

計算のくふう

   (1) $_8C_6 = _8C_2 = \dfrac{8 \times 7}{2 \times 1} = \mathbf{28}$

   　　$8-6$

   (2) $_{20}C_{17} = _{20}C_3 = \dfrac{20 \times 19 \times 18}{3 \times 2 \times 1} = \mathbf{1140}$

   　　$20-17$

計算のくふう

$$_nC_r = _nC_{n-r}$$

r の値が n の半分より大きいときは，上の式を使うと計算しやすい。

---

30 次の値をくふうして求めなさい。

➲教p. 26　問 28

(1) $_9C_7$

(2) $_{11}C_8$

(3) $_{20}C_{19}$

(4) $_{100}C_{98}$

---

31 実さんの所属するグループ 10 人の中から 7 人を選ぶとき，選び方は何通りあるか求めなさい。　➲教p. 26　問 28

32 野球部員 12 人の中から選手 9 人を選ぶとき，選び方は何通りあるか求めなさい。　➲教p. 26　問 28

例 25 右の図のような道路があるとき，A 地点から B
地点まで行く最短経路の道順は何通りあるか求
めてみよう。

この道路で

　　　　上へ 1 区画進むことを　↑

　　　　右へ 1 区画進むことを　→

で表すと，最短経路の道順は，4 個の↑と 5 個の
→を 1 列に並べることで示される。

これは，9 個の場所のうちの

　　　4 個に↑

を入れることである。

よって，道順の総数を求めるには，9 個の場所の
うち，↑を入れる 4 個を決めればよいから

$${}_9C_4 = \frac{9 \times 8 \times 7 \times 6}{4 \times 3 \times 2 \times 1} = 126 \ (通り)$$

← 上の図の道順では
　→　↑　→　→　↑　↑　↑　→

← ↑を入れる場所を決めれば，
　残りは→が入ることになる。

33 右の図のような道路があるとき，次の場合の最短経路の
道順は何通りあるか求めなさい。 ⊃ 教 p. 27 問 29

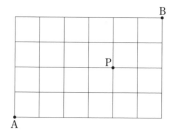

(1)　A 地点から B 地点まで行く

(2)　A 地点から P 地点まで行く

(3)　A 地点から P 地点を通って B 地点まで行く

検

例題 1 a が 4 個，b が 2 個，c が 1 個の計 7 文字を横 1 列に並べるとき，並べ方は何通りあるか求めなさい。

解答 右の図のように 7 個の場所から 4 個を選び a を入れ，残りの 3 個の場所から 2 個を選んで b を入れ，最後の 1 個に c を入れる場合の数に等しい。
よって，求める並べ方の総数は，
積の法則より

同じものを含む順列

n 個のものの中に，同じものがそれぞれ p 個，q 個，r 個あるとき，この n 個のものすべてを並べる順列の総数は

$$\frac{n!}{p!\,q!\,r!} \quad (\text{ただし } p+q+r=n)$$

$$_7C_4 \times _3C_2 \times _1C_1$$
$$= \frac{7\times6\times5\times4}{4\times3\times2\times1} \times \frac{3\times2}{2\times1} \times \frac{1}{1}$$
$$= 35 \times 3 = \mathbf{105} \,(\text{通り})$$

←上の式を用いると
$$\frac{7!}{4!\,2!\,1!} = 105$$

34 次の問いに答えなさい。

(1) a が 3 個，b が 2 個，c が 2 個の計 7 文字を横 1 列に並べるとき，並べ方は何通りあるか求めなさい。

(2) KOKORO の 6 文字を横 1 列に並べるとき，並べ方は何通りあるか求めなさい。

1 事象と確率 ⟶ 教 p. 29〜35

例 **26** 1個のさいころを投げるとき，5以上の目が出る確率を求めてみよう。

▷ 目の出方は，全部で 1, 2, 3, 4, 5, 6 の
6通りある。

このうち，5以上の目になる場合は，
5, 6の **2** 通りである。

よって，求める確率は $\dfrac{2}{6} = \dfrac{1}{3}$

事象 A の確率
$P(A) = \dfrac{\text{事象 } A \text{ が起こる場合の数}}{\text{起こりうるすべての場合の数}}$

例 **27** 500円硬貨1枚と100円硬貨1枚を同時に投げるとき，
1枚だけ裏が出る確率を求めてみよう。

▷ 2枚の硬貨の表裏の出方は，全部で

(○, ○), (○, ×), (×, ○), (×, ×)

の4通りある。このうち，1枚だけ裏が出る場合は

(○, ×), (×, ○) の **2** 通りである。

よって，求める確率は $\dfrac{2}{4} = \dfrac{1}{2}$

← 500円硬貨が表，100円硬貨が
裏であることを (○, ×) で表す。

500＼100	○	×
○	(○, ○)	(○, ×)
×	(×, ○)	(×, ×)

35 1個のさいころを投げるとき，次の確
率を求めなさい。 ⟶ 教 p. 32 問2

(1) 5以下の目が出る確率

(2) 3以上の目が出る確率

(3) 6の約数の目が出る確率

36 2択式クイズ2問にでたらめに答えた
とき，2問とも正解する確率を求めな
さい。 ⟶ 教 p. 32 問3

例 28 大小 2 個のさいころを同時に投げるとき，目の数の和が 4 以下になる確率を求めてみよう。

2 個のさいころの目の出方は，全部で

$$6 \times 6 = 36 \text{（通り）}$$

このうち，目の数の和が 4 以下になるのは

(1, 1), (1, 2), (1, 3),
(2, 1), (2, 2), (3, 1)

← 目の出方を
(大，小) で
表す。

の 6 通りである。

よって，求める確率は $\dfrac{6}{36} = \dfrac{1}{6}$

大＼小	⚀	⚁	⚂	⚃	⚄	⚅
⚀	2	3	4	5	6	7
⚁	3	4	5	6	7	8
⚂	4	5	6	7	8	9
⚃	5	6	7	8	9	10
⚄	6	7	8	9	10	11
⚅	7	8	9	10	11	12

37 大小 2 個のさいころを同時に投げるとき，次の確率を求めなさい。

⊃ 教 p.33 問 4

(1) 目の数の和が 5 になる確率

(2) 目の数の和が 9 以上になる確率

(3) 2 個とも目の数が偶数になる確率

38 10 円，100 円，500 円の 3 枚の硬貨を同時に投げるとき，表は○，裏は×として下の表を完成させて，次の確率を求めなさい。

⊃ 教 p.33 問 5

(1) 3 枚とも裏が出る確率

	10円	100円	500円
3枚とも表	○	○	○
2枚が表1枚が裏	○	○	×
1枚が表2枚が裏			
3枚とも裏			

(2) 100 円硬貨だけが表になる確率

(3) 表が 2 枚以上出る確率

検

例 29 3本の当たりくじを含む8本のくじの中から同時に2本のくじを引くとき,
2本とも当たりくじである確率を求めてみよう。

8本のくじの中から2本引く組合せの総数は

$$_8C_2 = \frac{8 \times 7}{2 \times 1} = 28 \text{（通り）}$$

このうち, 当たりくじ3本の中から2本引く
組合せの総数は

$$_3C_2 = \frac{3 \times 2}{2 \times 1} = 3 \text{（通り）}$$

よって, 求める確率は $\dfrac{3}{28}$

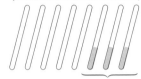

8本のくじから
2本引く
⇒ $_8C_2$ 通り

3本の当たりくじ
から2本引く
⇒ $_3C_2$ 通り

---

39 4本の当たりくじを含む10本のくじ
の中から同時に2本のくじを引くと
き, 2本とも当たりくじである確率を
求めなさい。 ⊃教 p.34 問6

41 トランプのダイヤのカード13枚の中
から同時に3枚のカードを引くとき,
次の確率を求めなさい。 ⊃教 p.34

(1) 3枚とも絵札である確率

40 1から12までの数字が1つずつかか
れている12枚のカードの中から同時
に3枚のカードを引くとき, 3枚とも
偶数のカードである確率を求めなさい。
⊃教 p.34 問7

(2) 3枚とも数字札である確率

例 30 赤玉 5 個，白玉 4 個の計 9 個が入っている袋から同時に 3 個の玉を取り出すとき，次の確率を求めてみよう。

(1) 3 個とも白玉である確率　　　(2) 2 個が赤玉で 1 個が白玉である確率

9 個の玉の中から 3 個取り出す組合せの総数は

$$_9C_3 = \frac{9 \times 8 \times 7}{3 \times 2 \times 1} = 84 \text{（通り）}$$

(1) 白玉 4 個の中から 3 個取り出す組合せの総数は

$$_4C_3 = \frac{4 \times 3 \times 2}{3 \times 2 \times 1}$$
$$= 4 \text{（通り）}$$

よって，求める確率は $\dfrac{4}{84} = \dfrac{1}{21}$

(2) 赤玉 5 個の中から 2 個，白玉 4 個の中から 1 個取り出す組合せの総数は

$$_5C_2 \times {}_4C_1 = \frac{5 \times 4}{2 \times 1} \times \frac{4}{1}$$
$$= 10 \times 4 = 40 \text{（通り）}$$

よって，求める確率は $\dfrac{40}{84} = \dfrac{10}{21}$

---

42 赤玉 4 個，白玉 5 個の計 9 個が入っている袋から同時に 2 個の玉を取り出すとき，次の確率を求めなさい。

⊃教p. 35　問 8

(1) 2 個とも赤玉である確率

(2) 1 個が赤玉で 1 個が白玉である確率

43 赤玉 5 個，白玉 2 個の計 7 個が入っている袋から同時に 3 個の玉を取り出すとき，次の確率を求めなさい。

⊃教p. 35　問 8

(1) 3 個とも赤玉である確率

(2) 2 個が赤玉で 1 個が白玉である確率

検

例 31 A グループ 3 人，B グループ 5 人の計 8 人の中からくじ引きで 2 人の委員を選ぶとき，2 人とも同じグループから選ばれる確率を求めてみよう。

8 人の中から 2 人の委員を選ぶ組合せの総数は

$$_8C_2 = \frac{8 \times 7}{2 \times 1} = 28 \text{（通り）}$$

「2 人とも A グループから選ばれる」事象を A

「2 人とも B グループから選ばれる」事象を B

とすると

$$P(A) = \frac{_3C_2}{28} = \frac{3}{28}, \quad P(B) = \frac{_5C_2}{28} = \frac{10}{28}$$

「2 人とも同じグループから選ばれる」事象は和事象 $A \cup B$ であり，A と B は排反事象であるから，求める確率は

$$P(A \cup B) = P(A) + P(B) = \frac{3}{28} + \frac{10}{28} = \frac{13}{28}$$

> **排反事象の確率**
>
> ① 2 つの事象 A と B が同時に起こらないとき，事象 A と B は**排反事象**であるという。
>
> ② 2 つの事象 A と B が排反事象であるとき
> $$P(A \cup B) = P(A) + P(B)$$

44 1 組 52 枚のトランプの中から 1 枚のカードを引くとき，次の確率を求めなさい。 ➡ 教 p. 37 問 9

(1) エースまたは絵札である確率

(2) キング，またはダイヤの数字札である確率

45 赤玉 5 個，白玉 3 個の計 8 個が入っている袋から同時に 3 個の玉を取り出すとき，3 個とも同じ色である確率を求めなさい。 ➡ 教 p. 37 問 10

例 32 大小2個のさいころを同時に投げるとき，少なくとも1個は6の目が出る確率を求めなさい。

大小2個のさいころの目の出方は，全部で

$$6 \times 6 = 36 \text{（通り）}$$

「少なくとも1個は6の目が出る」事象を A とすると，

余事象 $\overline{A}$ は「2個とも5以下の目が出る」事象だから

$$P(\overline{A}) = \frac{5 \times 5}{36} = \frac{25}{36}$$

よって，求める確率は

$$P(A) = 1 - P(\overline{A})$$
$$= 1 - \frac{25}{36} = \frac{11}{36}$$

余事象と確率

1 事象 A に対して，「A が起こらない」という事象を A の **余事象** といい，$\overline{A}$ で表す。

2 $P(A) + P(\overline{A}) = 1$

---

46 1から30までの数字が1つずつかかれた30枚のカードの中から1枚のカードを引くとき，次の確率を求めなさい。 ⊃教p.39 問11

(1) 8の倍数である確率

(2) 8の倍数でない確率

47 4枚のコインを同時に投げるとき，少なくとも1枚は表が出る確率を求めなさい。 ⊃教p.39 問12

48 大小2個のさいころを同時に投げるとき，少なくとも1個は5以上の目が出る確率を求めなさい。 ⊃教p.39 問12

検

例 **33** 3本の当たりくじを含む 10 本のくじの中から，A さんと B さんがこの順に
1本ずつ引くとき，2人とも当たる確率を求めてみよう。ただし，A さんの
引いたくじをもとにもどしてから，B さんが引くことにする。

A さんが引く試行と B さんが引く試行は
たがいに独立である。

A さんが当たる確率は $\dfrac{3}{10}$

B さんが当たる確率は $\dfrac{3}{10}$

よって，求める確率は

$$\dfrac{3}{10} \times \dfrac{3}{10} = \dfrac{9}{100}$$

独立な試行の確率

① それぞれの試行の結果がたがいに影響を与えないとき，これらの試行は**独立である**という。

② 2つの独立な試行について，1つの試行で事象 A が起こり，もう1つの試行で事象 B が起こる確率は
$$P(A) \times P(B)$$

---

49 赤玉3個，白玉5個の計8個が入っている袋の中から，A さんが1個取り出し，それを袋にもどしてから B さんが1個取り出す。このとき，次の確率を求めなさい。 ➡教 p. 41 問 13

(1) 2人とも赤玉である確率

(2) A さんが赤玉で B さんが白玉である確率

50 A の袋には，赤玉4個，白玉6個の計10個が入っており，B の袋には，赤玉5個，白玉3個の計8個が入っている。A，B 2つの袋の中からそれぞれ1個ずつ玉を取り出すとき，次の確率を求めなさい。 ➡教 p. 41 問 13

(1) 2個とも赤玉である確率

(2) 2個とも白玉である確率

例 ③④ 1個のさいころをくり返し4回投げるとき，
1の目が2回だけ出る確率を求めてみよう。

1回の試行で1の目が出る確率は $\dfrac{1}{6}$

よって，求める確率は

$$_4C_2 \times \left(\dfrac{1}{6}\right)^2 \times \left(1 - \dfrac{1}{6}\right)^{4-2} = 6 \times \dfrac{1}{36} \times \dfrac{25}{36}$$

$$= \dfrac{25}{216}$$

反復試行の確率

1回の試行で事象 A の起こる確率を p とする。この試行を n 回くり返すとき，A が r 回だけ起こる確率は

$$_nC_r \times p^r \times (1-p)^{n-r}$$

51 1個のさいころをくり返し4回投げるとき，次の確率を求めなさい。

➡ 教p. 43 問14

(1) 5以上の目が3回だけ出る確率

(2) 奇数の目が1回だけ出る確率

52 1回ごとに一定の確率 $\dfrac{1}{3}$ で景品が当たるゲームがある。

このゲームを4回くり返すとき，3回以上景品が当たる確率を求めなさい。

➡ 教p. 43 問15

検

例 **35** 青玉 3 個，白玉 4 個の計 7 個が入っている袋から A さんと B さんがこの順に 1 個ずつ玉を取り出す。A さんが青玉を取り出したとき，B さんが青玉を取り出す条件つき確率を求めてみよう。

ただし，取り出した玉はもとにもどさないものとする。

「A さんが青玉を取り出す」事象を A
「B さんが青玉を取り出す」事象を B
とする。

A さんが青玉を取り出した残りは，青玉 2 個，白玉 4 個の計 6 個となっているから，求める確率は

$$P_A(B) = \frac{2}{6} = \frac{1}{3}$$

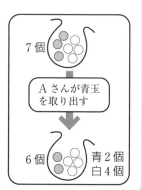

7 個

A さんが青玉を取り出す

6 個　青 2 個 白 4 個

53 例 35 で，A さんが白玉を取り出したとき，B さんが青玉を取り出す条件つき確率を求めなさい。 ●教 p. 45 問 16

54 例 35 で，A さんが青玉を取り出したとき，B さんが白玉を取り出す条件つき確率を求めなさい。 ●教 p. 45 問 16

55 右の表は，あるクラスの生徒 40 人について，自転車とバスの通学方法を調査したものである。この 40 人の中から 1 人を選ぶとき

		バス利用		
		する B	しない $\overline{B}$	計
自転車利用	する A	4	12	16
	しない $\overline{A}$	18	6	24
	計	22	18	40

「自転車を利用する」事象を A
「バスを利用する」事象を B
として，次の確率を求めなさい。 ●教 p. 45 問 17

(1) $P_A(B)$

(2) $P_{\overline{A}}(B)$

例 36 2本の当たりくじを含む8本のくじの中からAさんとBさんがこの順に1本ずつ引く。ただし、引いたくじはもどさないものとする。

このとき 「Aさんが当たる」事象を A
     「Bさんが当たる」事象を B
として、2人がともに当たる確率 $P(A \cap B)$ を
乗法定理を使って求めてみよう。

$$P(A \cap B) = P(A) \times P_A(B)$$
$$= \frac{2}{8} \times \frac{1}{7} = \frac{1}{28}$$

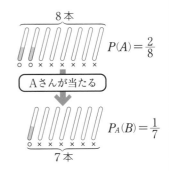

$P(A) = \frac{2}{8}$

Aさんが当たる

$P_A(B) = \frac{1}{7}$

7本

乗法定理

$$P(A \cap B) \quad = \quad P(A) \quad \times \quad P_A(B)$$

A と B がともに起こる確率 | A が起こる確率 | A が起こったときの B が起こる確率

---

56 例36で、Aさんがはずれて、Bさんが当たる確率 $P(\overline{A} \cap B)$ を求めなさい。 ⊃教p.47 問18

57 例36で、確率 $P(\overline{A} \cap \overline{B})$ を求めなさい。 ⊃教p.47 問18

58 4本の当たりくじを含む10本のくじの中からAさんとBさんがこの順に1本ずつ引くとき、次の確率を求めなさい。ただし、引いたくじはもどさないものとする。 ⊃教p.47 問19

(1) AさんもBさんも当たる確率

(2) Bさんが当たる確率

検

例 37 赤玉1個，白玉4個，青玉5個の計10個が入っている袋から1個の玉を
取り出し，赤玉が出れば200点，白玉が出れば100点，青玉が出れば10点
となるゲームをする。このとき，得点の期待値を求めてみよう。

	赤玉	白玉	青玉	計
得点	200点	100点	10点	
確率	$\dfrac{1}{10}$	$\dfrac{4}{10}$	$\dfrac{5}{10}$	1

期待値

事象	A_1	A_2	$\cdots$	A_n	計
賞金や得点	x_1	x_2	$\cdots$	x_n	
確率	p_1	p_2	$\cdots$	p_n	1

期待値 $= x_1 p_1 + x_2 p_2 + \cdots + x_n p_n$

上の表から

$$200 \times \frac{1}{10} + 100 \times \frac{4}{10} + 10 \times \frac{5}{10}$$
$$= 20 + 40 + 5 = \textbf{65}（点）$$

59 赤玉1個，白玉9個の計10個が入っている袋から1個の玉を取り出し，赤玉が出れば
100点，白玉が出れば10点となるゲームをする。
このとき，次の表を完成させて，得点の期待値を求めなさい。 ➡教 p. 49 問20

	赤玉	白玉	計
得点	100点	10点	
確率			1

60 1個のさいころを投げて，2以下の目が出れば200点，3以上の目が出れば20点となる
とき，得点の期待値を求めなさい。 ➡教 p. 49 問20

演習問題 up

例題 2 大小 2 個のさいころを同時に投げるとき，目の数の和が 4 の倍数または
10 以上になる確率を求めなさい。

解答

目の出方は全部で $6 \times 6 = 36$（通り）

「目の数の和が 4 の倍数になる」事象を A

「目の数の和が 10 以上になる」事象を B

とすると，次のようになる。

$$P(A) = \frac{9}{36}, \quad P(B) = \frac{6}{36}$$

$$P(A \cap B) = \frac{1}{36}$$

よって，求める確率は

$$P(A \cup B) = P(A) + P(B) - P(A \cap B)$$

$$= \frac{9}{36} + \frac{6}{36} - \frac{1}{36}$$

$$= \frac{14}{36} = \frac{7}{18}$$

大＼小	1	2	3	4	5	6
1	2	3	4	5	6	7
2	3	4	5	6	7	8
3	4	5	6	7	8	9
4	5	6	7	8	9	10
5	6	7	8	9	10	11
6	7	8	9	10	11	12

一般の和事象の確率

$$P(A \cup B) = P(A) + P(B) - P(A \cap B)$$

61 大小 2 個のさいころを同時に投げるとき，次の確率を求めなさい。

(1) 2 個のさいころの目の数が同じか，または目の数の和が 6 になる確率

(2) 2 個とも目の数が偶数か，または目の数の和が 5 以下になる確率

1節 三角形の性質

1 三角形の角

➡教 p.54

例 **38** 次の図で，∠x，∠y の大きさを求めてみよう。

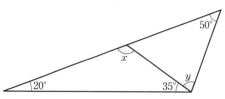

三角形の内角の和は 180° だから

$$\angle x + 20° + 35° = 180°$$
$$\angle x + 55° = 180°$$

よって ∠x = 180° − 55° = **125°**

また，三角形の内角と外角の関係から

$$\angle x = \angle y + 50°$$

よって ∠y = ∠x − 50° = 125° − 50° = **75°**

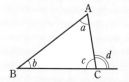

三角形の内角と外角

① ∠a + ∠b + ∠c = 180°
② ∠d = ∠a + ∠b

---

62 次の図で，∠x，∠y の大きさを求めなさい。 ➡教 p.54 問 1

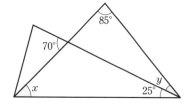

63 次の図で，∠x，∠y の大きさを求めなさい。 ➡教 p.54 問 1

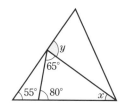

例 **39** 次の図の △ABC で，PQ∥BC の
とき，x, y の値を求めてみよう。

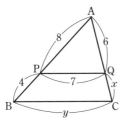

8 : 4 = 6 : x だから

　　$8 \times x = 4 \times 6$

よって　$x = 3$

また　8 : (8 + 4) = 7 : y だから

　　$8 \times y = 12 \times 7$

よって　$y = \dfrac{21}{2}$

例 **40** 次の図の △ABC で，辺 AB，AC
の中点をそれぞれ M，N とすると
き，x の値を求めてみよう。

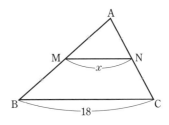

$x = \dfrac{1}{2} \times 18 = 9$

中点連結定理

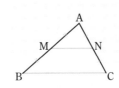

△ABC で，辺 AB，AC
の中点をそれぞれ M，N
とすると
MN∥BC，　MN = $\dfrac{1}{2}$BC

64 次の図の △ABC で，PQ∥BC のとき，
x の値を求めなさい。　⮕教 p. 55 問 2

(1)

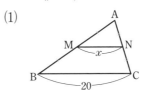

(2)

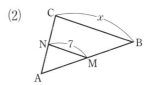

65 次の図の △ABC で，辺 AB，AC の
中点をそれぞれ M，N とするとき，x
の値を求めなさい。　⮕教 p. 56 問 3

(1)

(2)

例 **41** 次の図の △ABC で，AD が ∠A の 2 等分線のとき，x の値を求めてみよう。

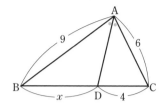

角の 2 等分線と線分の比

△ABC で，∠A の 2 等分線と
辺 BC の交点を D とすると
BD : DC = AB : AC

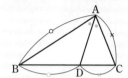

$x : 4 = 9 : 6$ だから
$$x \times 6 = 4 \times 9$$
よって **$x = 6$**

---

66 次の図の △ABC で，AD が ∠A の
2 等分線のとき，x の値を求めなさい。

⊃教p.57 問4

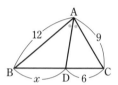

67 次の図の △ABC で，AD が ∠A の
2 等分線のとき，x の値を求めなさい。

⊃教p.57 問4

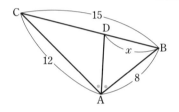

検 32

例 42 次の図の △ABC で，点 O が外心のとき，∠x の大きさを求めてみよう。

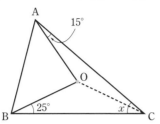

三角形の外心

① △ABC の 3 辺の垂直 2 等分線は 1 点で交わる。
② その交点 O が △ABC の**外心**であり，O を中心として △ABC の外接円がかける。

OA，OB，OC は外接円の半径だから

　　OA = OB = OC

よって，△OBC は OB = OC の 2 等辺三角形だから

　　∠OCB = ∠OBC = 25°

また，△OCA は OC = OA の 2 等辺三角形だから

　　∠OCA = ∠OAC = 15°

したがって　∠x = ∠OCB + ∠OCA

　　　　　 = 25° + 15° = **40°**

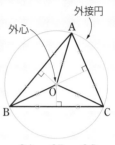

外接円

外心

OA = OB = OC

---

68 次の図の △ABC で，点 O が外心のとき，∠x の大きさを求めなさい。

→教 p. 59 問 5

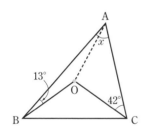

69 次の図の △ABC で，点 O が外心のとき，∠x の大きさを求めなさい。

→教 p. 59 問 5

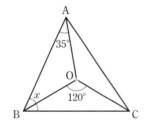

例 43 次の図の △ABC で，点 I が内心のとき，∠x の大きさを求めてみよう。

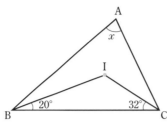

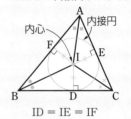
➤ BI は ∠B の 2 等分線だから

∠ABC ＝ 2 × 20° ＝ 40°

また，CI は ∠C の 2 等分線だから

∠ACB ＝ 2 × 32° ＝ 64°

△ABC の内角の和は 180° だから

∠x ＋ ∠ABC ＋ ∠ACB ＝ 180°

よって ∠x ＝ 180° － (∠ABC ＋ ∠ACB)

＝ 180° － (40° ＋ 64°)

＝ 180° － 104° ＝ **76°**

---

70 次の図の △ABC で，点 I が内心のとき，∠x の大きさを求めなさい。

➲教p.61 問6

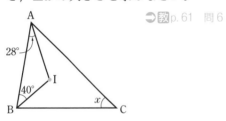

71 次の図の △ABC で，点 I が内心のとき，∠x の大きさを求めなさい。

➲教p.61 問6

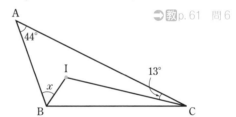

例 **44** 次の図の △ABC で, 点 G が重心のとき, BD, GF の長さを求めてみよう。

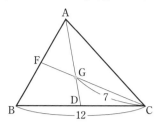

重心の性質

① △ABC の 3 つの中線は
1 点で交わる。
② その交点 G が △ABC の
重心であり, 重心 G は, 3
つの中線をそれぞれ 2 : 1
に分ける。

AG : GD = BG : GE
= CG : GF
= 2 : 1

点 D は辺 BC の中点だから

$$BD = \frac{1}{2}BC = \frac{1}{2} \times 12 = 6$$

また, CG : GF = 2 : 1 だから

$$2 \times GF = 1 \times CG$$

よって $GF = \frac{1}{2}CG = \frac{1}{2} \times 7 = \frac{7}{2}$

---

72 右の図の △ABC
で, 点 G が重心の
とき, 次の長さを
求めなさい。

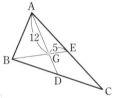

◗ 教 p. 63 問 7, 8

(1) BG

(2) GD

73 右の図の △ABC
で, 点 G が重心の
とき, 次の長さを
求めなさい。

◗ 教 p. 63 問 7, 8

(1) BD

(2) AG

検

1 円周角　　　　　　　　　　　　　　　　　　　　　⟹教 p.65

例 **45** 次の図で，∠x，∠y の大きさを求めてみよう。

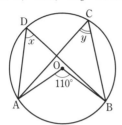

円周角の定理

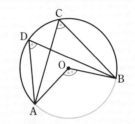

弧 AB に対する円周角だから

$$\angle x = \frac{1}{2} \times 110° = 55°$$

また，弧 AB に対する円周角はすべて等しいから

$$\angle y = \angle x = 55°$$

① (円周角) $= \frac{1}{2} \times$ (中心角)

② 1つの弧に対する円周角の
大きさはすべて等しい。

74 次の図で，∠x の大きさを求めなさい。

⟹教 p.65　問 1

(1)

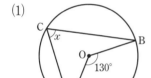

(2)

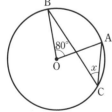

75 次の図で，∠x の大きさを求めなさい。

⟹教 p.65　問 1

(1)

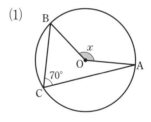

(2)

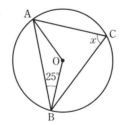

❷ 円と四角形

例 46 次の図で，∠x，∠y の大きさを求めてみよう。

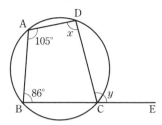

四角形 ABCD は円に内接しているので

$$∠x + 86° = 180°$$

よって　$∠x = 180° - 86°$

$$= 94°$$

また　$∠y = ∠BAD = 105°$

例 47 次の四角形 ABCD の中から，円に内接するものを選んでみよう。

①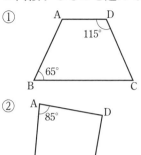

②

① 115° + 65° = 180° だから円に内接する。

② 85° ≠ 80° だから円に内接しない。

よって　①

76 次の図で，∠x，∠y の大きさを求めなさい。

(1)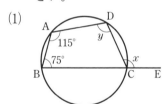

(2)

77 次の四角形 ABCD の中から，円に内接するものを選びなさい。

①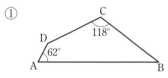

②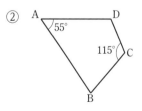

③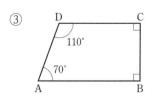

37

3 円の接線

例 48 次の図で，AT が円 O の接線のとき，∠x の大きさを求めてみよう。

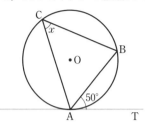

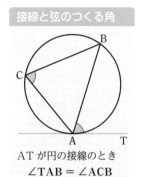

接線と弦のつくる角

AT が円の接線のとき
∠TAB = ∠ACB

▶ ∠x = ∠TAB
= 50°

---

78 次の図で，AT が円 O の接線のとき，∠x の大きさを求めなさい。

⮕教p. 68 問 4

(1)

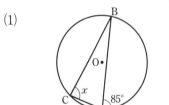

(2)

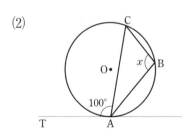

79 次の図で，AT が円 O の接線のとき，∠x の大きさを求めなさい。

⮕教p. 68 問 4

(1)

(2)

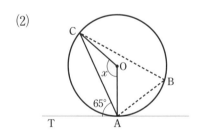

例 49 次の図の円 O は △ABC の内接円で，D，E，F はその接点である。

x の値を求めてみよう。

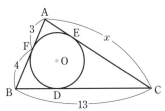

接線の長さ

PA，PB が円 O の接線のとき
PA = PB

AE = AF = 3，　BD = BF = 4

CE = CD = CB − BD

　　　　= 13 − 4 = 9

よって　x = AE + CE

　　　　= 3 + 9 = **12**

80 次の図の円 O は △ABC の内接円で，D，E，F はその接点である。

x の値を求めなさい。 ⊃教 p. 69　問 5

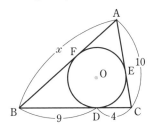

81 次の図の円 O は △ABC の内接円で，D，E，F はその接点である。

x の値を求めなさい。 ⊃教 p. 69　問 5

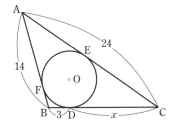

検

4　方べきの定理

例 50 次の図で，x の値を求めてみよう。

(1)

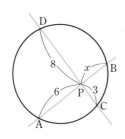

(2)　PC が円の接線のとき

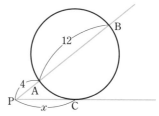

▶　(1)　$PA \times PB = PC \times PD$ より

$$6 \times x = 3 \times 8$$

これを解いて　$x = 4$

▶　(2)　$PA \times PB = PC^2$ より

$$4 \times (4 + 12) = x^2$$

$$x^2 = 64$$

$x > 0$ だから　$x = 8$

方べきの定理(1)

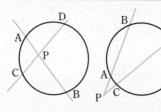

$$PA \times PB = PC \times PD$$

方べきの定理(2)

PC が円の接線のとき

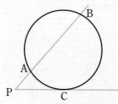

$$PA \times PB = PC^2$$

---

82 次の図で，x の値を求めなさい。

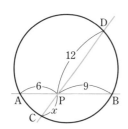

83 次の図で，PC が円の接線のとき，x の値を求めなさい。　

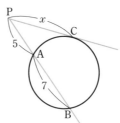

5 2つの円

➡教 p. 72

例 51 次の図で，2つの円 O，O′ の半径がそれぞれ 7 cm，3 cm で，中心間の距離を d cm とする。

(1) 2つの円が内側で接しているとき，d の値を求めてみよう。

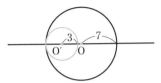

(2) 2つの円が2点で交わるとき，d がどのような範囲にあるかを不等号を使って表してみよう。

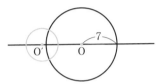

2つの円の位置関係

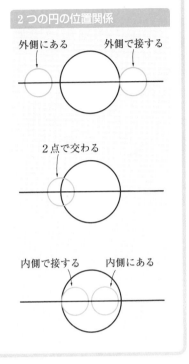

(1) $d = 7 - 3 = 4$

(2) $7 - 3 < d < 7 + 3$ だから

$$4 < d < 10$$

---

84 2つの円 O，O′ の半径がそれぞれ 10 cm，4 cm で，中心間の距離を d cm とするとき，次の問いに答えなさい。 ➡教 p. 72 問8

(1) 2つの円が内側で接するとき，d の値を求めなさい。

(2) 2つの円が外側で接するとき，d の値を求めなさい。

85 2つの円 O，O′ の半径がそれぞれ 9 cm，5 cm で，中心間の距離を d cm とするとき，d の値がどのような範囲にあるとき，2つの円 O，O′ が2点で交わるか，不等号を使って表しなさい。 ➡教 p. 72 問8

1 基本の作図

➡ 教 p. 74, 75

例 52 次の図形の作図をしてみよう。

(1) 線分 AB の垂直 2 等分線

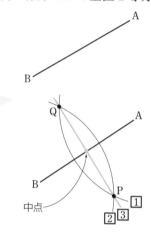

(2) 点 P から直線 l に引く垂線

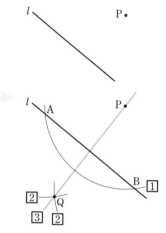

線分 AB の垂直 2 等分線

① 点 A を中心として円をかく。
② 点 B を中心として，①と同じ半径の円をかき，2 つの円の交点を P，Q とする。
③ 点 P と Q を直線で結ぶ。
　直線 PQ が，線分 AB の垂直 2 等分線であり，直線 PQ と線分 AB の交点が，AB の中点

点 P から直線 l に引く垂線

① 点 P を中心として円をかき，直線 l との交点を A，B とする。
② 点 A，B を中心として同じ半径の円をかき，交点を Q とする。
③ 点 P と Q を直線で結ぶ。
　直線 PQ が，点 P から直線 l に引いた垂線

---

86 次の図の線分 AB の垂直 2 等分線と，中点を作図しなさい。 ➡ 教 p. 75 問 1

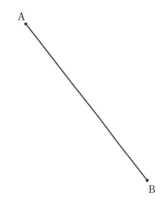

87 次の図の点 P から直線 l に引く垂線を作図しなさい。 ➡ 教 p. 75 問 2

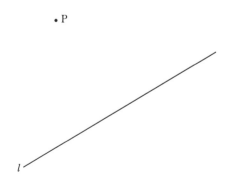

例 53 次の図の ∠AOB の 2 等分線を作図してみよう。

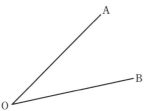

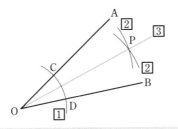

<blockquote>
∠AOB の 2 等分線

①点 O を中心として円をかき，OA，OB との交点をそれぞれ C，D とする。
②点 C，D を中心として同じ半径の円をかき，交点を P とする。
③点 O と P を半直線で結ぶ。
直線 OP が，∠AOB の 2 等分線
</blockquote>

88 次の図の ∠AOB の 2 等分線を作図しなさい。 ➲教p.75 問3

(1)
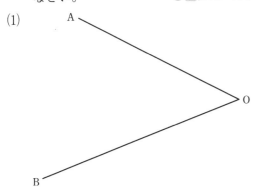

(2)
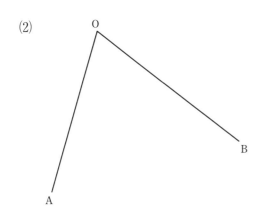

89 次の図の ∠AOB の 2 等分線を作図しなさい。 ➲教p.75 問3

(1)
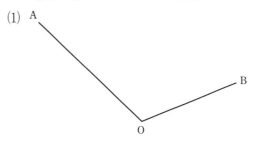

(2)
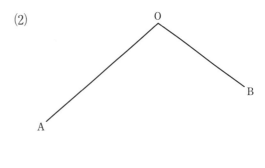

検

例 **54** 次の図形の作図をしてみよう。

(1) 点 P を通り直線 *l* と平行な直線

• P

l

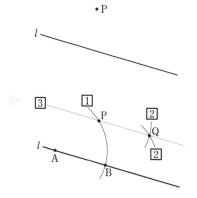

(2) 線分 AB を 3 等分する点

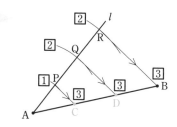

点 P を通り直線 *l* と平行な直線

① 直線 *l* 上に点 A をとる。点 A を中心として半径が AP の円をかき，直線 *l* との交点を B とする。
② 点 P，B を中心として①でかいた円と同じ半径の円をかき，交点を Q とする。
③ 点 P と Q を直線で結ぶ。
直線 PQ が，点 P を通り直線 *l* と平行な直線

線分 AB を 3 等分する点

① 点 A を中心として円をかき，点 A を端点とする半直線 *l* との交点を P とする。
② *l* 上に，AP = PQ = QR となる点 Q，R をとる。
③ 線分 RB を引き，P，Q から RB に平行な直線を引いて，線分 AB との交点をそれぞれ C，D とする。
点 C，D が，線分 AB を 3 等分する点

90 次の図で，点 P を通り直線 *l* と平行な直線を作図しなさい。　⊃教 p. 76　問 4

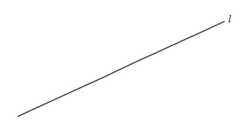

91 次の図の線分 AB を 3 等分する点を作図しなさい。　⊃教 p. 77　問 5

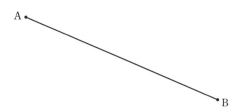

例 **55** 次の図の △ABC の外心を求めてみよう。

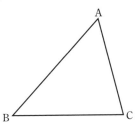

三角形の外心と外接円

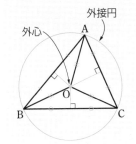

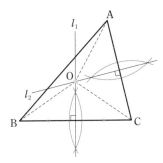

辺 BC の垂直 2 等分線 l_1 を引く。辺 CA の垂直
2 等分線 l_2 を引く。l_1 と l_2 の交点 O が外心である。

三角形の外心の作図

辺 BC の垂直 2 等分線と
辺 CA の垂直 2 等分線と
の交点を求める。

92 次の図の △ABC の外心を求めなさい。
➡教 p. 78 問 6

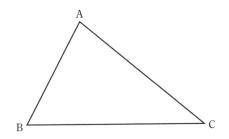

93 次の図は，ある遺跡で発掘された円形
劇場の一部である。円の外周上の 3
点 A，B，C から △ABC の外心を求
め，この円形劇場のもとの大きさの円
をかきなさい。 ➡教 p. 78 問 6

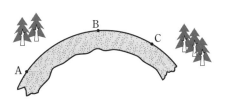

検

例 **56** 次の図の △ABC の内心を求めてみよう。

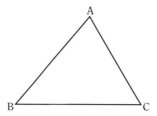

三角形の内心と内接円

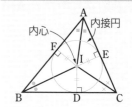

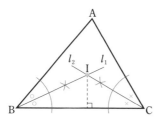

∠B の 2 等分線 l_1 を引く。∠C の 2 等分線 l_2 を
引く。l_1 と l_2 の交点 I が内心である。

三角形の内心の作図

∠B の 2 等分線と∠C の
2 等分線との交点を求める。

---

94 次の図の △ABC の内心を求めなさい。

⊃教p.78　問7

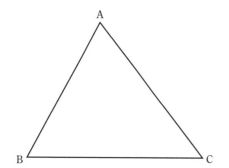

95 次の図の △ABC の内心を求めなさい。

⊃教p.78　問7

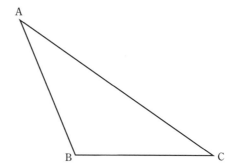

例 57 次の図の △ABC の重心を求めてみよう。

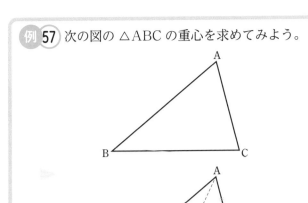

三角形の重心

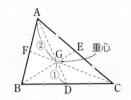

重心 G は，3 つの中線をそれぞ
れ 2：1 に分ける。

三角形の重心の作図

中線 AD と中線 BE を引いて
交点を求める。

2 つの中線の交点 G が重心である。

96 次の図の △ABC の重心を求めなさい。
⇨ 教 p. 79 問 8

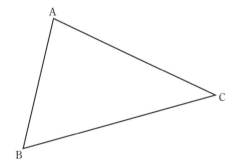

97 次の図の △ABC の重心を求めなさい。
⇨ 教 p. 79 問 8

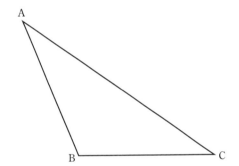

検

1 空間における直線と平面

→教 p. 80〜83

例 58 次の(ア)〜(エ)の中から，1つの平面を決定するものを選んでみよう。

(ア)　空間内の2点

(イ)　空間内の1点で交わる2直線

(ウ)　平行な2直線

(エ)　一直線上にない4点

▶　(イ)と(ウ)

平面の決定

(1)　一直線上にない3点
(2)　1つの直線とその直線上にない点
(3)　交わる2直線
(4)　平行な2直線

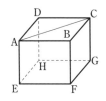

例 59 次の図の立方体で，直線 AC と直線 EF のつくる角を求めてみよう。

2直線のつくる角

直線を平行移動させ，2直線が同一平面上に含まれるようにして考える。

▶　直線 EF を直線 AB に，平行に移動して考えると，求める角は **45°** である。

---

98 次の(ア)〜(エ)の中から，1つの平面を決定するものを選びなさい。

→教 p. 80 問 1

(ア)　一直線上にない3点

(イ)　空間内の2点で交わる3直線

(ウ)　1つの直線とその上にない点

(エ)　平行な3直線

99 右の図の立方体で，次の2直線のつくる角を求めなさい。

→教 p. 81 問 2

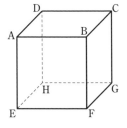

(1)　直線 CD と直線 EH

(2)　直線 FG と直線 AC

例 **60** 次の図の立方体で，平面 ABFE と平面 ACGE の
つくる角を求めてみよう。

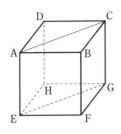

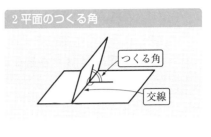

2平面のつくる角

▶　∠BAC = 45° だから，求める角は **45°**

100 右の図の立方体
で，次の2平面
のつくる角を求
めなさい。

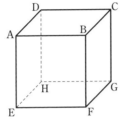

つ教p. 82　問3

(1)　平面 CDHG と平面 ACGE

101 次の図の立体は，AC = 2BC の直方
体である。

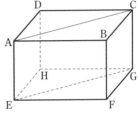

次の2平面のつくる角を求めなさい。

つ教p. 82　問3

(1)　平面 ABCD と平面 ACGE

(2)　平面 ACGE と平面 EFGH

(2)　平面 ACGE と平面 CDHG

検

例 **61** 右の図の直方体で，次のものを
求めてみよう。

(1) 直線 AB と平行な平面
(2) 直線 BF と垂直な平面
(3) 平面 AEFB と垂直な直線

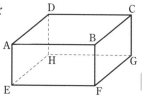

直線と平面の位置関係

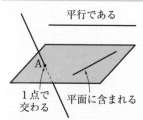

➤ (1) **平面 DHGC，平面 EFGH**
(2) **平面 ABCD，平面 EFGH**
(3) **直線 AD，直線 BC，直線 EH，直線 FG**

102 右の図の直方体で，次のものを求めな
さい。 ⊃教p.83 問4

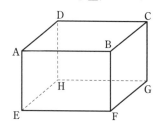

(1) 直線 AD と平行な平面

(2) 直線 AD と垂直な平面

(3) 平面 ABCD と平行な直線

103 右の図の立体は，
底面 DEF が正
三角形の三角柱
である。
次のものを求め
なさい。

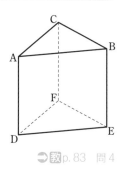

⊃教p.83 問4

(1) 平面 ABC と垂直な直線

(2) 直線 DE と平行な平面

(3) 平面 ADEB とのつくる角が 60° であ
る平面

2 多面体

➡教p.84, 85

例 62 次の図の六角錐について，$v-e+f$ の値を求めてみよう。

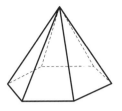

多面体の性質

v…頂点の数
e…辺の数 }とするとき
f…面の数
$$v-e+f = 2$$

正多面体

正四面体，正六面体，正八面体
正十二面体，正二十面体の5つ

$v = 7,\ e = 12,\ f = 7$
よって
$$v-e+f = 7-12+7 = 2$$

---

104 次の立体について，$v-e+f$ の値を求めなさい。 ➡教p.85 問5

(1) 三角柱

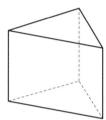

(2) 五角錐

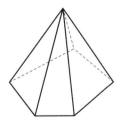

105 立方体 ABCD-EFGH で，点 L，M，N をそれぞれ辺 AB，AD，AE の中点とする。このとき，次の図のように，この立方体から三角錐 ALMN を切り取った残りの立体について $v-e+f$ の値を求めなさい。 ➡教p.85 問6

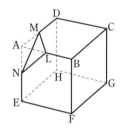

例題 3 3つの線分の長さがそれぞれ次のようなとき，三角形ができるか
どうか調べなさい。

(1) 8，9，10   (2) 4，8，13

解答

(1) 9 と 10 の和と差を求めると

$$(10-9) < 8 < (10+9)$$

が成り立つから，**三角形ができる。**

(2) 4 と 8 の和 12 が，他の 1 つの線分の
長さ 13 より小さいから，
三角形ができない。

三角形ができる条件

3つの線分の長さを a，b，c とするとき
(b と c の差) < a < (b と c の和)

←どの2つの線分について
和と差をつくってもよい。

106 3つの線分の長さがそれぞれ次のようなとき，三角形ができるかどうか
調べなさい。

(1) 5，12，13

(2) 6，9，15

例 題 4 △ABC で，AB = 8，BC = 9，AC = 7 のとき，∠A，∠B，∠C の大小関係を調べなさい。

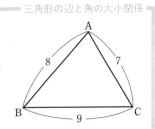

8
7
B 9 C

解 答

BC > AB だから

∠A > ∠C ------①

AB > AC だから

∠C > ∠B ------②

①，②から

∠A > ∠C > ∠B

三角形の辺と角の大小関係

① AB > AC ならば ∠C > ∠B
② ∠C > ∠B ならば AB > AC

A
大 小
小 大
B C

107 △ABC で，3辺の長さが次のようなとき，∠A，∠B，∠C の大小関係を調べなさい。

(1) AB = 6，BC = 5，AC = 7

(2) AB = 10，BC = 5，AC = 6

1 節 数と人間

1 数の歴史

➡教 p. 88〜91

例 63 エジプトの記数法で表された次の数を，現在の記数法で表しなさい。

(1) ◎◎ ∩∩∩| (2) ◎◎◎◎ ∩

(1) 100 が 2 つ，10 が 3 つ，1 が 1 つだから

231

(2) 1000 が 1 つ，100 が 3 つ，10 が 1 つ，1 が 6 つだから

1316

エジプトの記数法

		...				
1	2	...	10	100	1000	10000

108 エジプトの記数法で表された次の数を，現在の記数法で表しなさい。

➡教 p. 88 問 1

(1) ◎ ∩∩∩ ∩∩ |||

(2) ◎◎◎◎ ∩∩ |||||

(3) ∫∫∫∫ ◎ ∩∩ |||||

109 次の数をエジプトの記数法で表しなさい。

➡教 p. 88 問 2

(1) 215

(2) 652

(3) 2231

例 **64** バビロニアの記数法で表された次の数を，
現在の記数法で表してみよう。

(1) ◀◀❚　　　　　(2) ◀❚❚ ◀◀◀❚❚

バビロニアの記数法

❚ ❚❚ … ◀ ◀❚ … ◀◀ … ❚❚❚

1　2　…　10　11　…　20　…　62

(1) 10 の束が 2 つと 1 が 1 つだから
$10 \times 2 + 1 = \textbf{21}$

(2) 60 の束が 12，10 の束が 3 つ，1 が 2 つだから
$60 \times 12 + 10 \times 3 + 1 \times 2 = \textbf{752}$

---

110 バビロニアの記数法で表された次の
数を，現在の記数法で表しなさい。

⊃教p. 89　例 2

(1) ◀❚❚❚

(2) ◀◀◀ ❚❚❚ ❚❚❚

(3) ❚❚ ◀❚❚❚

111 次の数をバビロニアの記数法で表し
なさい。

⊃教p. 89　問 3

(1) 15

(2) 38

(3) 72

検

例 **65** 東京スカイツリーの高さは，634m である。

634 を 10^n を使った式で表してみよう。

▶ $634 = 6 \times 10^2 + 3 \times 10 + 4 \times 1$

10 進法

10 集まるとそれを 1 つの束にして，数をかく位置に
よって位の大きさがわかる数の表し方

10 進法の数の表し方

10 進法で表された数は 10^n
を使った式で表せる。

---

112 次の数を 10^n を使った式で表しなさ
い。 ⊃教p.91 問4, 5

(1) 578

(2) 723

(3) 2763

(4) 21376

113 次の数を 10^n を使った式で表しなさ
い。 ⊃教p.91 問4, 5

(1) 330

(2) 1010

(3) 6001

(4) 30208

例 **66** 10111(2) を 10 進法で表してみよう。

$$1 \times 2^4 + 0 \times 2^3 + 1 \times 2^2 + 1 \times 2 + 1 \times 1$$
$$= 16 + 4 + 2 + 1$$
$$= 23$$

2 進法

2 集まるとそれを 1 つの束にして位を 1 つずつ上げていく数の表し方

114 次の数を 10 進法で表しなさい。

➡ 教 p. 92 問 6

(1) 101(2)

(2) 1000(2)

(3) 1101(2)

115 次の数を 10 進法で表しなさい。

➡ 教 p. 92 問 6

(1) 10101(2)

(2) 11111(2)

(3) 101101(2)

検

例 **67** 10進法で表された 29 を 2 進法で表してみよう。

29 を 2 でわって，商 14 を下にかき，余り 1 を 14 の横にかく。

この計算をくり返して，最後の商と余りの数を下から順にかいていく。

$$
\begin{array}{r}
2\ )\underline{29} \\
2\ )\underline{14}\quad \cdots\cdots\ 1 \\
2\ )\underline{\ 7\ }\quad \cdots\cdots\ 0 \\
2\ )\underline{\ 3\ }\quad \cdots\cdots\ 1 \\
1\quad \cdots\cdots\ 1
\end{array}
$$

←$29 = 2 \times 14 + 1$
←$14 = 2 \times 7 + 0$
←$7 = 2 \times 3 + 1$
←$3 = 2 \times 1 + 1$

よって　$29 = 11101_{(2)}$

1 から 10 までの数を順に 2 進法で表すと次のようになる										
10 進法	1	2	3	4	5	6	7	8	9	10
2 進法	$1_{(2)}$	$10_{(2)}$	$11_{(2)}$	$100_{(2)}$	$101_{(2)}$	$110_{(2)}$	$111_{(2)}$	$1000_{(2)}$	$1001_{(2)}$	$1010_{(2)}$

116 10 進法で表された次の数を 2 進法で表しなさい。 ⊃教p. 93　問 7

(1) 6

(2) 11

(3) 24

117 10 進法で表された次の数を 2 進法で表しなさい。 ⊃教p. 93　問 7

(1) 38

(2) 43

(3) 64

例 **68** 2進法で，次のたし算をしてみよう。

$$1001_{(2)} + 1011_{(2)}$$

次のように，右から左へ順に各位ごとにたしていき，
各位の数の和が2になったら，その位は0にして，
次の位に1をくり上げていく。

	2進法のたし算		
0	0	1	1
+0	+1	+0	+1
0	1	1	10

```
      1 0 0 1
  +   1 0 1 1
    1 0 1 0 0
```

よって　$1001_{(2)} + 1011_{(2)} = \mathbf{10100_{(2)}}$

例 **69** 電球がついたときに1，消えたときに0を対応させる装置をつくると，
2進法で数を表すことができる。数を表す装置で次の図のように電球が
ついたときの数を10進法で表してみよう。

右の図は

$$1101_{(2)}$$

である2進法の数を表している。よって，10進法で表すと

$$1 \times 2^3 + 1 \times 2^2 + 0 \times 2 + 1 \times 1 = \mathbf{13}$$

---

118 2進法で，次のたし算をしなさい。
⤵教p.94　問8

(1)　$1101_{(2)} + 1010_{(2)}$

(2)　$1011_{(2)} + 1110_{(2)}$

119 例69の数を表す装置で，次の図のように電球がついたときの数を10進法で表しなさい。
⤵教p.94　問9

検

例70 28 の約数をすべて求めてみよう。

1 から 28 までの整数について，28 をわり切る
ことができる整数を調べていけばよい。

よって，**1，2，4，7，14，28**

↑28 を 2 つの整数のかけ算で表すと
    1×28 → 1 と 28 は 28 の約数
    2×14 → 2 と 14 は 28 の約数
    4× 7 → 4 と 7 は 28 の約数

> **約数と倍数の意味**
>
> 2 つの整数 a，b について，
> $a = b \times (整数)$ と表せるとき
> **b は a の約数 a は b の倍数**
> という。
>
> $\underset{\uparrow\!\!-b\text{の倍数}}{a = b \times (整数)}^{\!\!-a\text{の約数}}$

例71 30 以下の 4 の倍数をすべて求めてみよう。

4 に 1 から順に整数をかけていけばよい。

よって，**4，8，12，16，20，24，28**

↑4×1 = 4，4×2 = 8，……，4×7 = 28

120 次の数の約数をすべて求めなさい。

➡教p. 98 問 10

(1) 32

(2) 45

(3) 64

121 次の倍数をすべて求めなさい。

➡教p. 98 問 11

(1) 40 以下の 5 の倍数

(2) 50 以下の 6 の倍数

(3) 70 以下の 14 の倍数

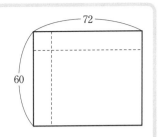

例 72 縦の長さ 60，横の長さ 72 の長方形を同じ大きさの
正方形ですき間なくしきつめたい。
この長方形をしきつめる最大の正方形の 1 辺の長さ
を求めてみよう。

60 の約数は

    1，2，3，4，5，6，10，12，15，20，30，60

72 の約数は

    1，2，3，4，6，8，9，12，18，24，36，72

よって，公約数は

    1，2，3，4，6，12

したがって，最大公約数は 12 だから，
求める正方形の 1 辺の長さは **12** である。

60 と 72 の最大公約
数は右のようにして
も求められる。

$$\begin{array}{r}
2\,)\underline{60\quad 72}\\
2\,)\underline{30\quad 36}\\
3\,)\underline{15\quad 18}\\
5\quad 6
\end{array}$$

$2 \times 2 \times 3 = 12$

公約数と最大公約数

① 2 つの整数に共通な約数を**公約数**という。
② 公約数の中で最も大きな数を**最大公約数**
という。

122 次の 2 辺をもつ長方形をしきつめる最大の正方形の 1 辺の長さを求めなさい。

⊃教 p.99　問 12

(1)　縦 32，横 48

(2)　縦 36，横 90

(3)　縦 60，横 180

検

例73 9と12の最大公約数は3である。縦9，横12の長方形は，1辺3の最大の正方形でしきつめられることを確かめてみよう。

右の図のように，1辺3の最大の正方形は，長方形から1辺9の正方形を切り取った残りの長方形をしきつめている。

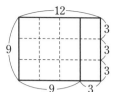

例74 図を用いて，縦18，横30の長方形をしきつめる最大の正方形を見つけてみよう。

1. $30 = 18 \times 1 + 12$ だから，1辺18の正方形1つを切り取る。

2. $18 = 12 \times 1 + 6$ だから，1辺12の正方形1つを切り取る。

3. $12 = 6 \times 2$ だから，残りの長方形は1辺6の正方形でしきつめられる。

1~3より，もとの長方形は，**1辺6の最大の正方形でしきつめられる**。

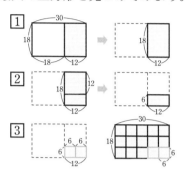

123 次の図は，縦24，横54の長方形を最大の正方形でしきつめた図である。下の□にあてはまる数を入れなさい。 ⮑教p.100 問13

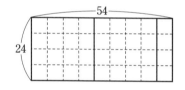

$$54 = 24 \times \boxed{} + \boxed{}$$
$$24 = 6 \times \boxed{}$$

124 図を用いて，次の長方形をしきつめる最大の正方形を見つけなさい。 ⮑教p.101 問14

(1)

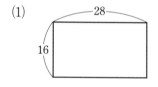

(2)

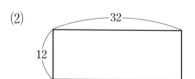

例 **75** 互除法を用いて，462 と 330 の最大公約数を求めてみよう。

$$462 = 330 \times 1 + 132$$

$$330 = 132 \times 2 + 66$$

$$132 = 66 \times 2$$

最大公約数

$$
\begin{array}{r}
1 \\
330\,)\overline{462} \\
330 \\
\hline
\end{array}
$$

$$
\begin{array}{r}
2 \\
132\,)\overline{330} \\
264 \\
\hline
\end{array}
$$

$$
\begin{array}{r}
2 \\
66\,)\overline{132} \\
132 \\
\hline
0
\end{array}
$$

よって，最大公約数は **66**

互除法の仕組み

2つの正の整数 a, b $(a > b)$ において，a を b でわったときの商を q，余りを r とすると

$$a = b \times q + r$$

$r \neq 0$ のとき （a と b の最大公約数）＝（b と r の最大公約数）

$r = 0$ のとき （a と b の最大公約数）＝ b

125 互除法を用いて，次の 2 つの数の最大公約数を求めなさい。　○数 p.103 問 17

(1) 748, 272

(2) 855, 665

126 次の 2 辺をもつ長方形をしきつめる最大の正方形の 1 辺の長さを互除法を用いて求めなさい。　○数 p.103 問 18

(1) 縦 864, 横 360

(2) 縦 828, 横 644

検

2節 図形と人間

1 図形と人間

➡教 p. 104，105

例 76 次の図で，色をつけた部分の土地の面積を求めてみよう。

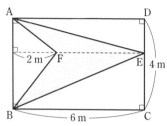

$\triangle ABE = \dfrac{1}{2} \times 4 \times 6 = 12$（m²）

$\triangle ABF = \dfrac{1}{2} \times 4 \times 2 = 4$（m²）

よって，求める面積は

$12 - 4 = 8$（m²）

三角形の面積

三角形の面積
$= \dfrac{1}{2} \times$ 底辺 $\times$ 高さ

台形の面積

台形の面積
$= \dfrac{1}{2} \times$（上底 $+$ 下底）$\times$ 高さ

127 次の図で，色をつけた部分の土地の面積を求めなさい。　　➡教 p. 105　問 2

(1)

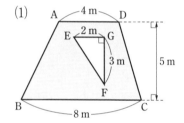

(2)

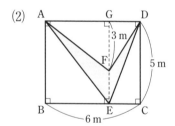

(3)

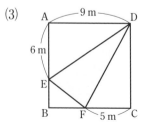

四角形 ABCD は正方形

例**77** 次の図で，電柱の影 BC は 6 m で，身長が 1.5 m の人の影 EF は 0.9 m である。
電柱の高さ AC を求めてみよう。

△ABC と △DEF は相似だから

　　AC : DF = BC : EF

　　AC : 1.5 = 6 : 0.9

　　0.9 × AC = 1.5 × 6

　よって　AC = 1.5 × 6 ÷ 0.9

　　　　　　= **10**（m）

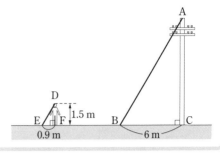

128 次の図で，△ABC と △DEF が相似
であるとき，x の値を求めなさい。

➲教p. 106

(1)

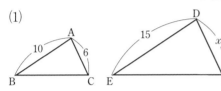

129 次の図で，時計塔の影 BC は 5 m で，
身長が 1.8 m の人の影 EF は 1.2 m
である。時計塔の高さ AC を求めな
さい。　　　　　　　➲教p. 107　問3

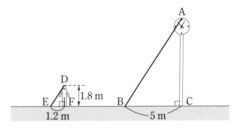

(2)

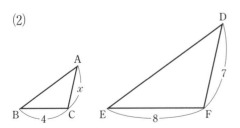

検

例 **78** 右の図で，点 A の座標を求めてみよう。

▶ 点 A の

　　　x 座標は 1

　　　y 座標は 3

だから　**A(1, 3)**

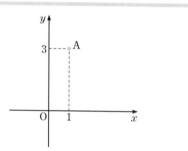

例 **79** 次の点を図に示してみよう。

　　　B(−3, 2)　C(−4, −1)　D(4, −3)

▶

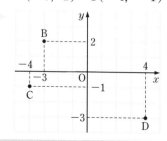

平面における座標

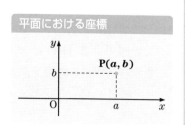

130 下の図で，次の点の座標を求めなさい。

⬅ 教 p. 111　例 3

(1)　点 A

(2)　点 B

(3)　点 C

(4)　点 D

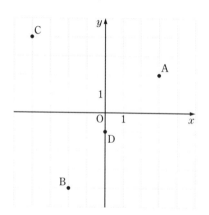

131 次の点を，下の図に示しなさい。

⬅ 教 p. 111　問 4

(1)　A(4, 2)

(2)　B(−3, 1)

(3)　C(−2, −5)

(4)　D(3, 0)

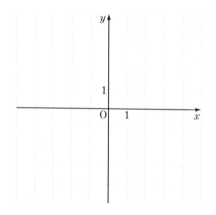

例 **80** 点 P(1, 5, 2) を図示してみよう。

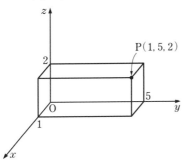

空間における座標

例 **81** 点 A(3, 2, 1) にあるドローンが，x 軸，y 軸，z 軸の方向にそれぞれ 5，4，2 だけ移動した。このとき，移動した点 B の座標を求めてみよう。

点 B の座標は

$$(3+5, \ 2+4, \ 1+2)$$

よって **(8, 6, 3)**

---

132 点 Q(4, 6, 3) を図示しなさい。

⊃教 p.113 問 6

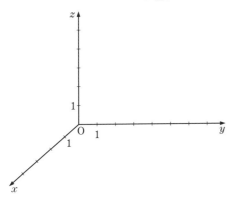

133 点 C(5, 1, 0) にあるドローンが，x 軸，y 軸，z 軸の方向にそれぞれ 2，4，3 だけ移動した点 D の座標を求めなさい。

⊃教 p.113 問 7

検

ステップノート 数学A《略解》

1章 場合の数と確率

1 (1) $C = \{1,\ 3,\ 5,\ 15\}$
(2) $D = \{-3,\ -2,\ -1,\ 0,\ 1\}$
(3) $E = \{1, 2, 3, 4, 5, 6, 7, 8, 9, 10, 11, 12, 13, 14, 15\}$
(4) $F = \{2,\ 3,\ 5,\ 7\}$

2 $P \subset A,\ R \subset A$

3 (1) $\overline{A} = \{1, 2, 4, 5, 7, 8, 10, 11, 13, 14, 16, 17, 19, 20\}$
(2) $\overline{B} = \{1, 2, 3, 5, 6, 7, 9, 10, 11, 13, 14, 15, 17, 18, 19\}$

4 (1) $A \cap B = \{1,\ 3,\ 5\}$
$A \cup B = \{1,\ 3,\ 4,\ 5,\ 6,\ 7\}$
(2) $A \cap B = \{1,\ 2,\ 4\}$
$A \cup B = \{1,\ 2,\ 3,\ 4,\ 6,\ 8,\ 12\}$

5 (1) 3　　(2) 6　　(3) 5

6 (1) 23　　(2) 48

7 12

8 4人

9 (1) 9通り　　(2) 略　　(3) 略

10 (1) 9通り　　(2) 9通り

11 20通り

12 (1) 12　(2) 60　(3) 2520　(4) 8　(5) 24

13 (1) 720通り　　(2) 504通り

14 (1) 8　　(2) 48　　(3) 42

15 720通り

16 40320通り

17 720通り

18 576通り

19 720通り

20 6通り

21 81個

22 64通り

23 (1) 3　(2) 20　(3) 70　(4) 10　(5) 1

24 126通り

25 220通り

26 5個

27 350通り

28 126個

29 45個

30 (1) 36　(2) 165　(3) 20　(4) 4950

31 120通り

32 220通り

33 (1) 210通り　(2) 15通り　(3) 90通り

34 (1) 210通り　(2) 60通り

35 (1) $\dfrac{5}{6}$　(2) $\dfrac{2}{3}$　(3) $\dfrac{2}{3}$

36 $\dfrac{1}{4}$

37 (1) $\dfrac{1}{9}$　(2) $\dfrac{5}{18}$　(3) $\dfrac{1}{4}$

38 (1) $\dfrac{1}{8}$　(2) $\dfrac{1}{8}$　(3) $\dfrac{1}{2}$

39 $\dfrac{2}{15}$

40 $\dfrac{1}{11}$

41 (1) $\dfrac{1}{286}$　(2) $\dfrac{60}{143}$

42 (1) $\dfrac{1}{6}$　(2) $\dfrac{5}{9}$

43 (1) $\dfrac{2}{7}$　(2) $\dfrac{4}{7}$

44 (1) $\dfrac{4}{13}$　(2) $\dfrac{7}{26}$

45 $\dfrac{11}{56}$

46 (1) $\dfrac{1}{10}$　(2) $\dfrac{9}{10}$

47 $\dfrac{15}{16}$

48 $\dfrac{5}{9}$

49 (1) $\dfrac{9}{64}$　(2) $\dfrac{15}{64}$

50 (1) $\dfrac{1}{4}$　(2) $\dfrac{9}{40}$

51 (1) $\dfrac{8}{81}$　(2) $\dfrac{1}{4}$

52 $\dfrac{1}{9}$

53 $\dfrac{1}{2}$

54 $\dfrac{2}{3}$

55 (1) $\dfrac{1}{4}$　(2) $\dfrac{3}{4}$

56 $\dfrac{3}{14}$

57 $\dfrac{15}{28}$

58 (1) $\dfrac{2}{15}$　(2) $\dfrac{2}{5}$

59 19点

60 80点

61 (1) $\dfrac{5}{18}$　(2) $\dfrac{1}{2}$

62 $\angle x = 45°$, $\angle y = 25°$

63 $\angle x = 35°$, $\angle y = 90°$

64 (1) $x = 3$

(2) $x = \dfrac{27}{4}$

65 (1) $x = 10$

(2) $x = 14$

66 $x = 8$

67 $x = 6$

68 $55°$

69 $65°$

70 $44°$

71 $55°$

72 (1) 10 (2) 6

73 (1) 5 (2) 4

74 (1) $65°$ (2) $40°$

75 (1) $140°$ (2) $65°$

76 (1) $\angle x = 115°$, $\angle y = 105°$

(2) $\angle x = 115°$, $\angle y = 84°$

77 ①

78 (1) $85°$ (2) $100°$

79 (1) $75°$ (2) $130°$

80 $x = 15$

81 $x = 13$

82 $x = \dfrac{9}{2}$

83 $x = 2\sqrt{15}$

84 (1) $d = 6$ (cm)   (2) $d = 14$ (cm)

85 $4 < d < 14$

86

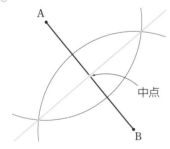

87

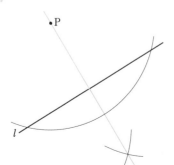

88

(1)

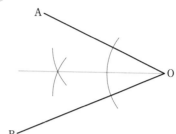

(2)

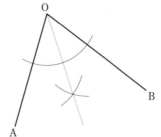

89

(1)

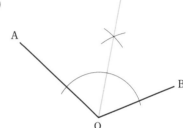

(2)

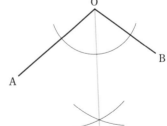

90

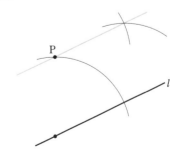

91

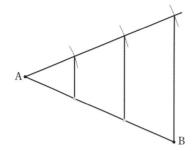

92

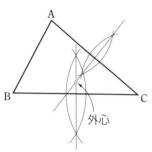

93

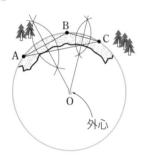

94

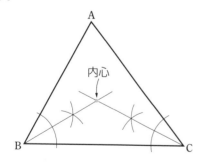

95

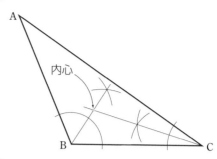

96

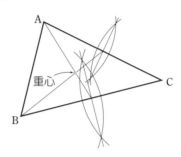

97

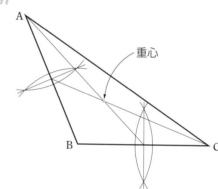

98 (ア) と (ウ)

99 (1) 90° (2) 45°

100 (1) 45° (2) 90°

101 (1) 90° (2) 30°

102 (1) 平面EFGH, 平面BFGC

(2) 平面AEFB, 平面DHGC

(3) 直線EF, 直線FG, 直線GH, 直線HE

103 (1) 直線AD, 直線BE, 直線CF

(2) 平面ABC

(3) 平面ADFC, 平面BEFC

104 (1) 2 (2) 2

105 2

106 (1) 三角形ができる (2) 三角形ができない

107 (1) ∠B＞∠C＞∠A (2) ∠C＞∠B＞∠A

3章 **数学と人間の活動**

108 (1) 153　　(2) 427　　(3) 3148

109 (1)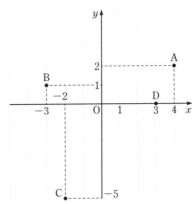

(2)

(3)

110 (1) 13　　(2) 36　　(3) 133

111 (1)

(2)

(3)

112 (1) $5 \times 10^2 + 7 \times 10 + 8 \times 1$

(2) $7 \times 10^2 + 2 \times 10 + 3 \times 1$

(3) $2 \times 10^3 + 7 \times 10^2 + 6 \times 10 + 3 \times 1$

(4) $2 \times 10^4 + 1 \times 10^3 + 3 \times 10^2$
$+ 7 \times 10 + 6 \times 1$

113 (1) $3 \times 10^2 + 3 \times 10 + 0 \times 1$

(2) $1 \times 10^3 + 0 \times 10^2 + 1 \times 10 + 0 \times 1$

(3) $6 \times 10^3 + 0 \times 10^2 + 0 \times 10 + 1 \times 1$

(4) $3 \times 10^4 + 0 \times 10^3 + 2 \times 10^2$
$+ 0 \times 10 + 8 \times 1$

114 (1) 5　　(2) 8　　(3) 13

115 (1) 21　　(2) 31　　(3) 45

116 (1) $110_{(2)}$　　(2) $1011_{(2)}$　　(3) $11000_{(2)}$

117 (1) $100110_{(2)}$　(2) $101011_{(2)}$　(3) $1000000_{(2)}$

118 (1) $10111_{(2)}$　　(2) $11001_{(2)}$

119 11

120 (1) 1, 2, 4, 8, 16, 32

(2) 1, 3, 5, 9, 15, 45

(3) 1, 2, 4, 8, 16, 32, 64

121 (1) 5, 10, 15, 20, 25, 30, 35, 40

(2) 6, 12, 18, 24, 30, 36, 42, 48

(3) 14, 28, 42, 56, 70

122 (1) 16　　(2) 18　　(3) 60

123 2, 6, 4

124 (1) 1辺4の正方形　(2) 1辺4の正方形

125 (1) 68　　　(2) 95

126 (1) 72　　　(2) 92

127 (1) $27\,\mathrm{m}^2$　(2) $6\,\mathrm{m}^2$　(3) $\dfrac{51}{2}\mathrm{m}^2$

128 (1) 9　　　(2) $\dfrac{7}{2}$

129 7.5 m

130 A(3, 2)

B(-2, -4)

C(-4, 4)

D(0, -1)

131

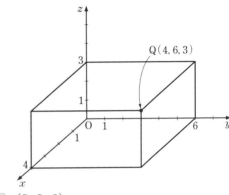

132

133 (7, 5, 3)

ステップノート数学A

表紙デザイン——エッジ・デザインオフィス
本文基本デザイン——エッジ・デザインオフィス

●編　者　実教出版編修部

●発行者　小田良次

●印刷所　株式会社太洋社

●発行所　実教出版株式会社

〒102-8377
東京都千代田区五番町5
電話〈営業〉(03) 3238-7777
　　〈編修〉(03) 3238-7785
　　〈総務〉(03) 3238-7700
https://www.jikkyo.co.jp/

002402022

ISBN 978-4-407-36029-5

公式集

1章 場合の数と確率

1. 集合の要素の個数

1 $n(\overline{A}) = n(U) - n(A)$

2 $n(A \cup B) = n(A) + n(B) - n(A \cap B)$

2. 和の法則

ことがら A の起こる場合が m 通り，ことがら B の起こる場合が n 通りあるとする。A と B が同時に起こらないとき，A または B が起こる場合の数は $m + n$ （通り）

3. 積の法則

ことがら A の起こる場合が m 通りあり，それぞれについて，ことがら B の起こる場合が n 通りあるとき，A と B がともに起こる場合の数は $m \times n$ （通り）

4. 順列・nの階乗

1 ${}_n P_r = n(n-1)(n-2) \cdots (n-r+1)$

2 $n! = n(n-1)(n-2) \times \cdots \times 3 \times 2 \times 1$

5. 円順列・重複順列

1 異なる n 個のものを並べる円順列の総数は $(n-1)!$

2 異なる n 個のものから r 個とる重複順列の総数は $n \times n \times \cdots \times n = n^r$

6. 組合せとその性質

1 ${}_n C_r = \dfrac{{}_n P_r}{r!} = \dfrac{n(n-1)(n-2) \cdots (n-r+1)}{r(r-1) \times \cdots \times 3 \times 2 \times 1}$

2 ${}_n C_r = {}_n C_{n-r}$

7. 事象 A の確率

$$P(A) = \frac{a}{N} = \frac{\text{事象 } A \text{ が起こる場合の数}}{\text{起こりうるすべての場合の数}}$$

8. 排反事象の確率

2つの事象 A と B が排反事象であるとき

$$P(A \cup B) = P(A) + P(B)$$

9. 余事象と確率

$$P(A) + P(\overline{A}) = 1$$

10. 独立な試行の確率

2つの独立な試行について，1つの試行で事象 A が起こり，もう1つの試行で事象 B が起こる確率は $P(A) \times P(B)$

11. 反復試行の確率

1回の試行で事象 A の起こる確率を p とする。この試行を n 回くり返すとき，A が r 回だけ起こる確率は ${}_n C_r \times p^r \times (1-p)^{n-r}$

12. 乗法定理

$$P(A \cap B) = P(A) \times P_A(B)$$

13. 期待値

ある試行において，起こる事象の賞金や得点が x_1, x_2, x_3, $\cdots$, x_n, それに対応する確率が p_1, p_2, p_3, $\cdots$, p_n と与えられたとき，
期待値は $x_1 p_1 + x_2 p_2 + x_3 p_3 + \cdots + x_n p_n$

2章 図形の性質

1. 三角形の内角と外角

1 三角形の3つの内角の和は $180°$ である。

2 三角形の1つの外角は，それにとなりあわない2つの内角の和に等しい。

2. 平行線と線分の比

1 $\mathrm{AP:PB = AQ:QC}$

2 $\mathrm{AP:AB = AQ:AC}$

$\mathrm{AP:AB = PQ:BC}$

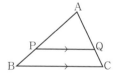

3. 中点連結定理

$\triangle \mathrm{ABC}$ で，辺 AB, AC の中点をそれぞれ M, N とすると

$\mathrm{MN /\!\!/ BC}$, $\mathrm{MN} = \dfrac{1}{2}\mathrm{BC}$

ステップノート 数学A《解答編》

実教出版編修部 編

1章　場合の数と確率

1

(1) $C = \{\,1,\ 3,\ 5,\ 15\,\}$

(2) $D = \{\,-3,\ -2,\ -1,\ 0,\ 1\,\}$

(3) $E = \{\,1, 2, 3, 4, 5, 6, 7, 8, 9, 10, 11, 12, 13, 14, 15\,\}$

(4) $F = \{\,2,\ 3,\ 5,\ 7\,\}$

2

$P = \{\,1,\ 2,\ 4\,\}$, $Q = \{\,3,\ 4,\ 5\,\}$, $R = \{\,2,\ 12\,\}$
のうち, $A = \{\,1,\ 2,\ 3,\ 4,\ 6,\ 12\,\}$ の部分集合で
あるものは P と R だから
$P \subset A$, $R \subset A$ である。

3

(1) $A = \{\,3,\ 6,\ 9,\ 12,\ 15,\ 18\,\}$ だから
$\overline{A} = \{\,1, 2, 4, 5, 7, 8, 10, 11, 13, 14, 16, 17, 19, 20\,\}$

(2) $B = \{\,4,\ 8,\ 12,\ 16,\ 20\,\}$ だから
$\overline{B} = \{\,1, 2, 3, 5, 6, 7, 9, 10, 11, 13, 14, 15, 17, 18, 19\,\}$

4

(1) $A \cap B = \{\,1,\ 3,\ 5\,\}$
$A \cup B = \{\,1,\ 3,\ 4,\ 5,\ 6,\ 7\,\}$

(2) $A = \{\,1,\ 2,\ 4,\ 8\,\}$,
$B = \{\,1,\ 2,\ 3,\ 4,\ 6,\ 12\,\}$ だから
$A \cap B = \{\,1,\ 2,\ 4\,\}$
$A \cup B = \{\,1,\ 2,\ 3,\ 4,\ 6,\ 8,\ 12\,\}$

5

(1) $A = \{\,1,\ 5,\ 25\,\}$
よって　$n(A) = 3$

(2) $A = \{\,1,\ 2,\ 5,\ 10,\ 25,\ 50\,\}$
よって　$n(A) = 6$

(3) $A = \{\,7,\ 14,\ 21,\ 28,\ 35\,\}$
よって　$n(A) = 5$

6

(1) 全体集合を U とすると
$n(U) = 30$
$A = \{\,4,\ 8,\ 12,\ 16,\ 20,\ 24,\ 28\,\}$ だから
$n(A) = 7$
よって　$n(\overline{A}) = n(U) - n(A)$
$= 30 - 7 = 23$

(2) 全体集合を U とすると
$n(U) = 60$
$A = \{\,5,\ 10,\ 15,\ 20,\ 25,\ 30,\ 35,\ 40,\ 45,\ 50,\ 55,\ 60\,\}$
だから　$n(A) = 12$
よって　$n(\overline{A}) = n(U) - n(A)$
$= 60 - 12 = 48$

7

$A = \{\,2,\ 4,\ 6,\ 8,\ 10,\ 12,\ 14,\ 16,\ 18,\ 20\,\}$
$B = \{\,5,\ 10,\ 15,\ 20\,\}$ だから
$A \cap B = \{\,10,\ 20\,\}$
よって　$n(A) = 10$
$n(B) = 4$
$n(A \cap B) = 2$
したがって
$n(A \cup B) = n(A) + n(B) - n(A \cap B)$
$= 10 + 4 - 2$
$= 12$

8

山へ行った生徒の集合を A, 海へ行った生徒の集合
を B とすると
$n(A) = 15$
$n(B) = 21$
であり, 山または海へ行った生徒の人数は, どちら
にも行っていない生徒の人数を全体からひけばよい
から
$n(A \cup B) = 40 - 8$
$= 32$
である。
$n(A \cup B) = n(A) + n(B) - n(A \cap B)$ より
$32 = 15 + 21 - n(A \cap B)$
よって
$n(A \cap B) = 36 - 32 = 4$　　　**4人**

9

(1) (主食, おかず) のように (○, □) で表し, 選び
方をすべてかき並べると
(ラ, ギ), (ラ, シ), (ラ, 春)
(タ, ギ), (タ, シ), (タ, 春)
(チ, ギ), (チ, シ), (チ, 春)
となる。
よって, 選び方は全部で **9通り**である。

(2)

主\お	ギ	シ	春
ラ	ラギ	ラシ	ラ春
タ	タギ	タシ	タ春
チ	チギ	チシ	チ春

(3)

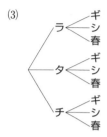

10

(1) 目の数の和が 6 になる場合は 5 通り，
目の数の和が 9 になる場合は 4 通りある。
これら 2 つの場合は，同時に起こることはないから，
求める場合の数は
$$5+4=\mathbf{9}\ (通り)$$

(2) 目の数の和が 4 になる場合は 3 通り，
目の数の和が 8 になる場合は 5 通り，
目の数の和が 12 になる場合は 1 通りある。
これら 3 つの場合は，同時に起こることはないから，
求める場合の数は
$$3+5+1=\mathbf{9}\ (通り)$$

11

食べ物の選び方が 5 通りあり，それぞれについて
飲み物の選び方が 4 通りあるから，積の法則より
$$5\times 4=\mathbf{20}\ (通り)$$

12

(1) $_4\mathrm{P}_2=4\times 3=\mathbf{12}$

(2) $_5\mathrm{P}_3=5\times 4\times 3=\mathbf{60}$

(3) $_7\mathrm{P}_5=7\times 6\times 5\times 4\times 3=\mathbf{2520}$

(4) $_8\mathrm{P}_1=\mathbf{8}$

(5) $_4\mathrm{P}_4=4\times 3\times 2\times 1=\mathbf{24}$

13

(1) 10 人から 3 人取る順列の総数だから
$$_{10}\mathrm{P}_3=10\times 9\times 8=\mathbf{720}\ (通り)$$

(2) 9 人から 3 人取る順列の総数だから
$$_9\mathrm{P}_3=9\times 8\times 7=\mathbf{504}\ (通り)$$

14

(1) $2!+3!=(2\times 1)+(3\times 2\times 1)$
$$=2+6=\mathbf{8}$$

(2) $2!\times 4!=(2\times 1)\times(4\times 3\times 2\times 1)$
$$=2\times 24=\mathbf{48}$$

(3) $\dfrac{7!}{5!}=\dfrac{7\times 6\times 5\times 4\times 3\times 2\times 1}{5\times 4\times 3\times 2\times 1}$
$$=7\times 6=\mathbf{42}$$

15

$6!=6\times 5\times 4\times 3\times 2\times 1=\mathbf{720}\ (通り)$

16

$8!=8\times 7\times 6\times 5\times 4\times 3\times 2\times 1=\mathbf{40320}\ (通り)$

17

両端の先生の並び方は
$$_3\mathrm{P}_2=3\times 2=6\ (通り)$$
この並び方のそれぞれについて，中の 4 人の生徒の
並び方は
$$_5\mathrm{P}_4=5\times 4\times 3\times 2=120\ (通り)$$
よって，求める並び方は
$$6\times 120=\mathbf{720}\ (通り)$$

18

子ども 4 人をまとめて 1 人と考えると，大人 3 人と
あわせた 4 人の並び方は
$$4!=24\ (通り)$$
この並び方のそれぞれについて，子ども 4 人の並び
方は
$$4!=24\ (通り)$$
よって，求める並び方は
$$24\times 24=\mathbf{576}\ (通り)$$

19

$(7-1)!=6!$
$$=\mathbf{720}\ (通り)$$

20

$(4-1)!=3!$
$$=\mathbf{6}\ (通り)$$

21

$3\times 3\times 3\times 3=\mathbf{81}\ (個)$

22

$2\times 2\times 2\times 2\times 2\times 2=\mathbf{64}\ (通り)$

23

(1) $_3\mathrm{C}_2=\dfrac{3\times 2}{2\times 1}=\mathbf{3}$

(2) $_6\mathrm{C}_3=\dfrac{6\times 5\times 4}{3\times 2\times 1}=\mathbf{20}$

(3) $_8\mathrm{C}_4=\dfrac{8\times 7\times 6\times 5}{4\times 3\times 2\times 1}=\mathbf{70}$

(4) $_{10}\mathrm{C}_1=\dfrac{10}{1}=\mathbf{10}$

(5) $_5\mathrm{C}_5=\dfrac{5\times 4\times 3\times 2\times 1}{5\times 4\times 3\times 2\times 1}=\mathbf{1}$

24

$$_9C_4 = \frac{9 \times 8 \times 7 \times 6}{4 \times 3 \times 2 \times 1} = \mathbf{126}\ (\text{通り})$$

25

$$_{12}C_3 = \frac{12 \times 11 \times 10}{3 \times 2 \times 1} = \mathbf{220}\ (\text{通り})$$

26

5 個の点から 4 個選ぶと四角形が 1 個できる。
よって，求める個数は

$$_5C_4 = \frac{5 \times 4 \times 3 \times 2}{4 \times 3 \times 2 \times 1} = \mathbf{5}\ (\text{個})$$

27

A 組 4 人の選び方は

$$_7C_4 = \frac{7 \times 6 \times 5 \times 4}{4 \times 3 \times 2 \times 1} = 35\ (\text{通り})$$

この選び方のそれぞれについて，B 組 3 人の
選び方は

$$_5C_3 = \frac{5 \times 4 \times 3}{3 \times 2 \times 1} = 10\ (\text{通り})$$

よって，求める選び方は

$$35 \times 10 = \mathbf{350}\ (\text{通り})$$

28

縦 4 本の中から 2 本，横 7 本の中から 2 本をそれぞ
れ選ぶと長方形が 1 個できる。
よって，求める個数は

$$_4C_2 \times _7C_2 = \frac{4 \times 3}{2 \times 1} \times \frac{7 \times 6}{2 \times 1}$$
$$= 6 \times 21 = \mathbf{126}\ (\text{個})$$

29

平行線①，②，③の中から 2 本，平行線 a，b，c，
d，e，f の中から 2 本をそれぞれ選ぶと平行四辺形
が 1 個できる。
よって，求める個数は

$$_3C_2 \times _6C_2 = \frac{3 \times 2}{2 \times 1} \times \frac{6 \times 5}{2 \times 1}$$
$$= 3 \times 15 = \mathbf{45}\ (\text{個})$$

30

(1) $_9C_7 = _9C_2 = \dfrac{9 \times 8}{2 \times 1} = \mathbf{36}$

(2) $_{11}C_8 = _{11}C_3 = \dfrac{11 \times 10 \times 9}{3 \times 2 \times 1} = \mathbf{165}$

(3) $_{20}C_{19} = _{20}C_1 = \dfrac{20}{1} = \mathbf{20}$

(4) $_{100}C_{98} = _{100}C_2 = \dfrac{100 \times 99}{2 \times 1} = \mathbf{4950}$

31

$$_{10}C_7 = _{10}C_3 = \frac{10 \times 9 \times 8}{3 \times 2 \times 1} = \mathbf{120}\ (\text{通り})$$

32

$$_{12}C_9 = _{12}C_3 = \frac{12 \times 11 \times 10}{3 \times 2 \times 1} = \mathbf{220}\ (\text{通り})$$

33

(1) 上へ 1 区画進むことを↑，右へ 1 区画進むことを→
で表すと，最短経路の道順は，4 個の↑と 6 個の→
を 1 列に並べることで示される。
10 個の場所のうちの 4 個に↑を入れるから，求め
る道順の総数は

$$_{10}C_4 = \frac{10 \times 9 \times 8 \times 7}{4 \times 3 \times 2 \times 1} = \mathbf{210}\ (\text{通り})$$

(2) 最短経路の道順は，2 個の↑と 4 個の→を 1 列に並
べることで示される。
6 個の場所のうちの 2 個に↑を入れるから，求める
道順の総数は

$$_6C_2 = \frac{6 \times 5}{2 \times 1} = \mathbf{15}\ (\text{通り})$$

(3) P 地点から B 地点まで行く最短経路の道順は

$$_4C_2 = \frac{4 \times 3}{2 \times 1} = 6\ (\text{通り})$$

よって，求める道順の総数は，(2)の結果を利用して，
積の法則より

$$15 \times 6 = \mathbf{90}\ (\text{通り})$$

34

(1) 次の図のように 7 個の場所から 3 個を選び a を入
れ，残りの 4 個の場所から 2 個を選んで b を入れ，
最後の 2 個に c を入れる場合の数に等しい。

1	2	3	4	5	6	7
●	●	△	□	●	□	△
↑	↑	↑	↑	↑	↑	↑
a	a	b	c	a	c	b

よって，求める並べ方の総数は，積の法則より
$$_7C_3 \times _4C_2 \times _2C_2$$
$$= \frac{7 \times 6 \times 5}{3 \times 2 \times 1} \times \frac{4 \times 3}{2 \times 1} \times \frac{2 \times 1}{2 \times 1} = \mathbf{210}\ (\text{通り})$$

(2) 次の図のように 6 個の場所から 3 個を選び O を入
れ，残りの 3 個の場所から 2 個を選んで K を入れ，
最後の 1 個に R を入れる場合の数に等しい。

1	2	3	4	5	6
●	●	△	□	●	□
↑	↑	↑	↑	↑	↑
O	O	R	K	O	K

よって，求める並べ方の総数は，積の法則より
$$_6C_3 \times _3C_2 \times _1C_1$$
$$= \frac{6 \times 5 \times 4}{3 \times 2 \times 1} \times \frac{3 \times 2}{2 \times 1} \times \frac{1}{1} = \mathbf{60}\ (\text{通り})$$

35

目の出方は全部で 1，2，3，4，5，6 の 6 通りある。

(1) 5 以下の目になる場合は，1，2，3，4，5 の 5 通りである。

よって，求める確率は $\dfrac{5}{6}$

(2) 3 以上の目になる場合は，3，4，5，6 の 4 通りである。

よって，求める確率は $\dfrac{4}{6} = \dfrac{2}{3}$

(3) 6 の約数の目になる場合は，1，2，3，6 の 4 通りである。

よって，求める確率は $\dfrac{4}{6} = \dfrac{2}{3}$

36

1 問目が正解，2 問目が不正解であることを
(○，×) で表すと，答え方は全部で
(○，○)，(○，×)，(×，○)，(×，×)
の 4 通りある。
このうち，2 問とも正解である場合は
(○，○)
の 1 通りである。

よって，求める確率は $\dfrac{1}{4}$

37

2 個のさいころの目の出方は，全部で
6×6 = 36（通り）

(1) 目の数の和が 5 になるのは
(1，4)，(2，3)，(3，2)，(4，1)
の 4 通りである。

よって，求める確率は $\dfrac{4}{36} = \dfrac{1}{9}$

(2) 目の数の和が 9 以上になるのは
(3，6)
(4，5)，(4，6)
(5，4)，(5，5)，(5，6)
(6，3)，(6，4)，(6，5)，(6，6)
の 10 通りである。

よって，求める確率は $\dfrac{10}{36} = \dfrac{5}{18}$

(3) 2 個とも目の数が偶数になるのは
(2，2)，(2，4)，(2，6)
(4，2)，(4，4)，(4，6)
(6，2)，(6，4)，(6，6)
の 9 通りである。

よって，求める確率は $\dfrac{9}{36} = \dfrac{1}{4}$

38

	10 円	100 円	500 円
3 枚とも表	○	○	○
2 枚が表 1 枚が裏	○	○	×
	○	×	○
	×	○	○
1 枚が表 2 枚が裏	○	×	×
	×	○	×
	×	×	○
3 枚とも裏	×	×	×

硬貨の表裏の出方は，全部で
2×2×2 = 8（通り）

(1) 3 枚とも裏が出るのは 1 通りである。

よって，求める確率は $\dfrac{1}{8}$

(2) 100 円硬貨だけが表になるのは 1 通りである。

よって，求める確率は $\dfrac{1}{8}$

(3) 2 枚だけ表が出るのは 3 通り
3 枚表が出るのは 1 通り
よって，表が 2 枚以上出るのは 4 通りである。

したがって，求める確率は $\dfrac{4}{8} = \dfrac{1}{2}$

39

10 本のくじの中から 2 本引く組合せの総数は
$${}_{10}\mathrm{C}_2 = \dfrac{10 \times 9}{2 \times 1} = 45 \text{（通り）}$$
このうち，当たりくじ 4 本の中から 2 本引く組合せの総数は
$${}_4\mathrm{C}_2 = \dfrac{4 \times 3}{2 \times 1} = 6 \text{（通り）}$$
よって，求める確率は $\dfrac{6}{45} = \dfrac{2}{15}$

40

12 枚のカードの中から 3 枚引く組合せの総数は
$${}_{12}\mathrm{C}_3 = \dfrac{12 \times 11 \times 10}{3 \times 2 \times 1} = 220 \text{（通り）}$$
このうち，偶数のカード 6 枚の中から 3 枚引く組合せの総数は
$${}_6\mathrm{C}_3 = \dfrac{6 \times 5 \times 4}{3 \times 2 \times 1} = 20 \text{（通り）}$$
よって，求める確率は $\dfrac{20}{220} = \dfrac{1}{11}$

41

13 枚のカードの中から 3 枚引く組合せの総数は
$${}_{13}\mathrm{C}_3 = \dfrac{13 \times 12 \times 11}{3 \times 2 \times 1} = 286 \text{（通り）}$$

(1) 絵札 3 枚の中から 3 枚引く組合せの総数は
$${}_3\mathrm{C}_3 = 1 \text{（通り）}$$
よって，求める確率は $\dfrac{1}{286}$

(2) 数字札 10 枚の中から 3 枚引く組合せの総数は
$$_{10}C_3 = \frac{10 \times 9 \times 8}{3 \times 2 \times 1} = 120 \text{（通り）}$$
よって，求める確率は $\dfrac{120}{286} = \dfrac{\mathbf{60}}{\mathbf{143}}$

42

9 個の玉の中から 2 個取り出す組合せの総数は
$$_9C_2 = \frac{9 \times 8}{2 \times 1} = 36 \text{（通り）}$$

(1) 赤玉 4 個の中から 2 個取り出す組合せの総数は
$$_4C_2 = \frac{4 \times 3}{2 \times 1} = 6 \text{（通り）}$$
よって，求める確率は $\dfrac{6}{36} = \dfrac{\mathbf{1}}{\mathbf{6}}$

(2) 赤玉 4 個の中から 1 個取り出し，白玉 5 個の中から 1 個取り出す組合せの総数は
$$_4C_1 \times _5C_1 = 4 \times 5 = 20 \text{（通り）}$$
よって，求める確率は $\dfrac{20}{36} = \dfrac{\mathbf{5}}{\mathbf{9}}$

43

7 個の玉の中から 3 個取り出す組合せの総数は
$$_7C_3 = \frac{7 \times 6 \times 5}{3 \times 2 \times 1} = 35 \text{（通り）}$$

(1) 赤玉 5 個の中から 3 個取り出す組合せの総数は
$$_5C_3 = \frac{5 \times 4 \times 3}{3 \times 2 \times 1} = 10 \text{（通り）}$$
よって，求める確率は $\dfrac{10}{35} = \dfrac{\mathbf{2}}{\mathbf{7}}$

(2) 赤玉 5 個の中から 2 個取り出し，白玉 2 個の中から 1 個取り出す組合せの総数は
$$_5C_2 \times _2C_1 = \frac{5 \times 4}{2 \times 1} \times \frac{2}{1} = 20 \text{（通り）}$$
よって，求める確率は $\dfrac{20}{35} = \dfrac{\mathbf{4}}{\mathbf{7}}$

44

(1) 「エースである」事象の確率は $\dfrac{4}{52}$
「絵札である」事象の確率は $\dfrac{12}{52}$
これら 2 つの事象は排反事象であるから，求める確率は
$$\frac{4}{52} + \frac{12}{52} = \frac{16}{52}$$
$$= \frac{\mathbf{4}}{\mathbf{13}}$$

(2) 「キングである」事象の確率は $\dfrac{4}{52}$
「ダイヤの数字札である」事象の確率は $\dfrac{10}{52}$
これら 2 つの事象は排反事象であるから，求める確率は
$$\frac{4}{52} + \frac{10}{52} = \frac{14}{52}$$
$$= \frac{\mathbf{7}}{\mathbf{26}}$$

45

8 個の玉の中から 3 個取り出す組合せの総数は
$$_8C_3 = \frac{8 \times 7 \times 6}{3 \times 2 \times 1} = 56 \text{（通り）}$$
「3 個とも赤玉である」事象を A
「3 個とも白玉である」事象を B
とすると
$$P(A) = \frac{_5C_3}{56} = \frac{10}{56}$$
$$P(B) = \frac{_3C_3}{56} = \frac{1}{56}$$
「2 個とも同じ色である」事象は和事象 $A \cup B$ であり，A と B は排反事象であるから，求める確率は
$$P(A \cup B) = P(A) + P(B)$$
$$= \frac{10}{56} + \frac{1}{56} = \frac{\mathbf{11}}{\mathbf{56}}$$

46

(1) 8 の倍数である事象を A とすると
$$A = \{ 8, 16, 24 \}$$
よって，求める確率は
$$P(A) = \frac{3}{30} = \frac{\mathbf{1}}{\mathbf{10}}$$

(2) 8 の倍数でない事象 $\overline{A}$ は，8 の倍数である事象 A の余事象だから，求める確率は
$$P(\overline{A}) = 1 - P(A)$$
$$= 1 - \frac{1}{10} = \frac{\mathbf{9}}{\mathbf{10}}$$

47

4 枚のコインの表と裏の出方は，全部で
$$2^4 = 16 \text{（通り）}$$
「少なくとも 1 枚は表が出る」事象を A とすると，余事象 $\overline{A}$ は「4 枚とも裏が出る」事象で 1 通りだから
$$P(\overline{A}) = \frac{1}{16}$$
よって，求める確率は
$$P(A) = 1 - P(\overline{A})$$
$$= 1 - \frac{1}{16} = \frac{\mathbf{15}}{\mathbf{16}}$$

48

大小 2 個のさいころの目の出方は，全部で
$$6 \times 6 = 36 \text{（通り）}$$
「少なくとも 1 個は 5 以上の目が出る」事象を A とすると，余事象 $\overline{A}$ は「2 個とも 4 以下の目が出る」事象だから
$$P(\overline{A}) = \frac{4 \times 4}{36} = \frac{4}{9}$$
よって，求める確率は
$$P(A) = 1 - P(\overline{A})$$
$$= 1 - \frac{4}{9} = \frac{\mathbf{5}}{\mathbf{9}}$$

49

Aさんが取り出す試行とBさんが取り出す試行は
たがいに独立である。

(1) Aさんが赤玉を取り出す確率は $\dfrac{3}{8}$

  Bさんが赤玉を取り出す確率は $\dfrac{3}{8}$

  よって，求める確率は

  $$\dfrac{3}{8} \times \dfrac{3}{8} = \dfrac{9}{64}$$

(2) Aさんが赤玉を取り出す確率は $\dfrac{3}{8}$

  Bさんが白玉を取り出す確率は $\dfrac{5}{8}$

  よって，求める確率は

  $$\dfrac{3}{8} \times \dfrac{5}{8} = \dfrac{15}{64}$$

50

Aの袋から玉を取り出す試行とBの袋から玉を取
り出す試行はたがいに独立である。

(1) Aの袋から赤玉を取り出す確率は $\dfrac{4}{10}$

  Bの袋から赤玉を取り出す確率は $\dfrac{5}{8}$

  よって，求める確率は

  $$\dfrac{4}{10} \times \dfrac{5}{8} = \dfrac{1}{4}$$

(2) Aの袋から白玉を取り出す確率は $\dfrac{6}{10}$

  Bの袋から白玉を取り出す確率は $\dfrac{3}{8}$

  よって，求める確率は

  $$\dfrac{6}{10} \times \dfrac{3}{8} = \dfrac{9}{40}$$

51

(1) 1回の試行で5以上の目が出る確率は

  $$\dfrac{2}{6} = \dfrac{1}{3}$$

  よって，求める確率は

  $$_4\mathrm{C}_3 \times \left(\dfrac{1}{3}\right)^3 \times \left(1-\dfrac{1}{3}\right)^{4-3} = 4 \times \dfrac{1}{27} \times \dfrac{2}{3}$$
  $$= \dfrac{8}{81}$$

(2) 奇数の目は1，3，5だから，1回の試行で
  奇数の目が出る確率は

  $$\dfrac{3}{6} = \dfrac{1}{2}$$

  よって，求める確率は

  $$_4\mathrm{C}_1 \times \left(\dfrac{1}{2}\right)^1 \times \left(1-\dfrac{1}{2}\right)^{4-1} = 4 \times \dfrac{1}{2} \times \dfrac{1}{8}$$
  $$= \dfrac{1}{4}$$

52

3回だけ景品が当たる事象の確率は

$$_4\mathrm{C}_3 \times \left(\dfrac{1}{3}\right)^3 \times \left(1-\dfrac{1}{3}\right)^{4-3} = 4 \times \dfrac{1}{27} \times \dfrac{2}{3}$$
$$= \dfrac{8}{81}$$

また，4回だけ景品が当たる事象の確率は

$$_4\mathrm{C}_4 \times \left(\dfrac{1}{3}\right)^4 \times \left(1-\dfrac{1}{3}\right)^{4-4} = 1 \times \dfrac{1}{81} \times 1$$
$$= \dfrac{1}{81}$$

2つの事象は排反事象であるから，求める確率は

$$\dfrac{8}{81} + \dfrac{1}{81} = \dfrac{9}{81} = \dfrac{1}{9}$$

53

「Aさんが白玉を取り出す」事象は $\overline{A}$ であり，Aさ
んが白玉を取り出した残りは，青玉3個，白玉3個
の計6個となっているから

$$P_{\overline{A}}(B) = \dfrac{3}{6} = \dfrac{1}{2}$$

54

「Bさんが白玉を取り出す」事象は $\overline{B}$ であり，Aさ
んが青玉を取り出した残りは，青玉2個，白玉4個
の計6個となっているから

$$P_A(\overline{B}) = \dfrac{4}{6} = \dfrac{2}{3}$$

55

(1) 選ばれた1人が自転車を利用するとわかった場合，
  その人がバスを利用する条件つき確率だから

  $$P_A(B) = \dfrac{4}{16} = \dfrac{1}{4}$$

(2) 選ばれた1人が自転車を利用しないとわかった場
  合，その人がバスを利用する条件つき確率だから

  $$P_{\overline{A}}(B) = \dfrac{18}{24} = \dfrac{3}{4}$$

56

$$P(\overline{A} \cap B) = P(\overline{A}) \times P_{\overline{A}}(B)$$
$$= \dfrac{6}{8} \times \dfrac{2}{7}$$
$$= \dfrac{3}{14}$$

57

$$P(\overline{A} \cap \overline{B}) = P(\overline{A}) \times P_{\overline{A}}(\overline{B})$$
$$= \dfrac{6}{8} \times \dfrac{5}{7}$$
$$= \dfrac{15}{28}$$

58

(1) 「A さんが当たる」事象を A
「B さんが当たる」事象を B とする。

A さんが当たる確率は $P(A) = \dfrac{4}{10} = \dfrac{2}{5}$

A さんが当たった残りは，当たり 3 本，はずれ 6 本の計 9 本である。

よって $P(A \cap B) = P(A) \times P_A(B)$
$$= \dfrac{2}{5} \times \dfrac{3}{9} = \dfrac{2}{15}$$

(2) B さんが当たる場合は，次の 2 通りに分けられる。

(ア) A さんが当たり，B さんも当たる事象 $A \cap B$

このとき (1)より，$P(A \cap B) = \dfrac{2}{15}$

(イ) A さんがはずれ，B さんが当たる事象 $\overline{A} \cap B$

このとき $P(\overline{A} \cap B) = P(\overline{A}) \times P_{\overline{A}}(B)$
$$= \dfrac{3}{5} \times \dfrac{4}{9} = \dfrac{4}{15}$$

(ア)と(イ)は排反事象であるから，B さんが当たる確率は

$$P(B) = \dfrac{2}{15} + \dfrac{4}{15}$$
$$= \dfrac{6}{15} = \dfrac{2}{5}$$

59

右の表から
$$100 \times \dfrac{1}{10} + 10 \times \dfrac{9}{10}$$
$$= 10 + 9 = \mathbf{19} \text{（点）}$$

	赤玉	白玉	計
得点	100 点	10 点	
確率	$\dfrac{1}{10}$	$\dfrac{9}{10}$	1

60

右の表から
$$200 \times \dfrac{2}{6} + 20 \times \dfrac{4}{6}$$
$$= \dfrac{200}{3} + \dfrac{40}{3}$$
$$= \dfrac{240}{3}$$
$$= \mathbf{80} \text{（点）}$$

	2 以下	3 以上	計
得点	200 点	20 点	
確率	$\dfrac{2}{6}$	$\dfrac{4}{6}$	1

61

(1) 目の出方は全部で $6 \times 6 = 36$（通り）

「目の数が同じになる」事象を A
「目の数の和が 6 になる」事象を B
とすると，次のようになる。

$$P(A) = \dfrac{6}{36}, \quad P(B) = \dfrac{5}{36}$$
$$P(A \cap B) = \dfrac{1}{36}$$

よって，求める確率は

$$P(A \cup B) = P(A) + P(B) - P(A \cap B)$$
$$= \dfrac{6}{36} + \dfrac{5}{36} - \dfrac{1}{36}$$
$$= \dfrac{10}{36} = \dfrac{5}{18}$$

(2) 「2 個とも目の数が偶数になる」事象を A
「目の数の和が 5 以下になる」事象を B
とすると，次のようになる。

$$P(A) = \dfrac{9}{36}, \quad P(B) = \dfrac{10}{36}$$
$$P(A \cap B) = \dfrac{1}{36}$$

よって，求める確率は

$$P(A \cup B) = P(A) + P(B) - P(A \cap B)$$
$$= \dfrac{9}{36} + \dfrac{10}{36} - \dfrac{1}{36}$$
$$= \dfrac{18}{36} = \dfrac{1}{2}$$

2章 図形の性質

62

三角形の内角と外角の関係から

$70° = \angle x + 25°$

よって $\angle x = 70° - 25° = \mathbf{45°}$

また，三角形の内角の和は $180°$ だから

$\angle x + 85° + (25° + \angle y) = 180°$

$45° + 85° + 25° + \angle y = 180°$

よって $\angle y = \mathbf{25°}$

63

三角形の内角の和は $180°$ だから

$\angle x + 80° + 65° = 180°$

$\angle x + 145° = 180°$

よって $\angle x = 180° - 145° = \mathbf{35°}$

また，三角形の内角と外角の関係から

$\angle y = \angle x + 55°$

よって $\angle y = 35° + 55° = \mathbf{90°}$

64

(1) $2 : 6 = x : 9$ だから

$6 \times x = 2 \times 9$

よって $x = \mathbf{3}$

(2) $12 : (12 + 4) = x : 9$ だから

$16 \times x = 12 \times 9$

よって $x = \dfrac{\mathbf{27}}{\mathbf{4}}$

65

(1) $x = \dfrac{1}{2} \times 20 = \mathbf{10}$

(2) $7 = \dfrac{1}{2} \times x$ だから $x = \mathbf{14}$

66

$x : 6 = 12 : 9$ だから

$x \times 9 = 6 \times 12$

よって $x = \mathbf{8}$

67

$x : (15 - x) = 8 : 12$ だから

$x \times 12 = (15 - x) \times 8$

$3x = 2(15 - x)$

$3x = 30 - 2x$

$5x = 30$

よって $x = \mathbf{6}$

68

OA，OB，OC は外接円の半径だから

$OA = OB = OC$

よって，$\triangle OAB$，$\triangle OCA$ は2等辺三角形だから

$\angle OAB = \angle OBA = 13°$

$\angle OAC = \angle OCA = 42°$

したがって $\angle x = \angle OAB + \angle OAC$

$= 13° + 42° = \mathbf{55°}$

69

OA，OB，OC は外接円の半径だから

$OA = OB = OC$

よって，$\triangle OAB$，$\triangle OBC$ は2等辺三角形だから

$\angle OBA = \angle OAB = 35°$

$\angle OBC = \dfrac{1}{2} \times (180° - 120°) = 30°$

したがって $\angle x = \angle OBA + \angle OBC$

$= 35° + 30° = \mathbf{65°}$

70

AI，BI はそれぞれ $\angle A$，$\angle B$ の2等分線だから

$\angle BAC = 2 \times 28° = 56°$

$\angle ABC = 2 \times 40° = 80°$

$\triangle ABC$ の内角の和は $180°$ だから

$\angle x + \angle BAC + \angle ABC = 180°$

よって $\angle x = 180° - (\angle BAC + \angle ABC)$

$= 180° - (56° + 80°)$

$= 180° - 136° = \mathbf{44°}$

71

BI，CI はそれぞれ $\angle B$，$\angle C$ の2等分線だから

$\angle ABC = 2 \times \angle x$

$\angle ACB = 2 \times 13° = 26°$

$\triangle ABC$ の内角の和は $180°$ だから

$44° + 2 \times \angle x + 26° = 180°$

$2 \times \angle x = 110°$

よって $\angle x = \mathbf{55°}$

72

(1) $BG : GE = 2 : 1$ だから

$1 \times BG = 2 \times GE$

よって $BG = 2 \times 5 = \mathbf{10}$

(2) $AG : GD = 2 : 1$ だから

$2 \times GD = 1 \times AG$

よって $GD = \dfrac{1}{2} AG = \dfrac{1}{2} \times 12 = \mathbf{6}$

73

(1) 点 D は辺 BC の中点だから

$BD = \dfrac{1}{2} BC = \dfrac{1}{2} \times 10 = \mathbf{5}$

(2) $AG : GD = 2 : 1$ だから

$AG = 2 \times GD$

$= 2 \times (6 - AG)$

$= 12 - 2 \times AG$

$3 \times AG = 12$

よって $AG = \mathbf{4}$

74

(1) $\angle x = \dfrac{1}{2} \times 130°$

$= \mathbf{65°}$

(2) $\angle x = \dfrac{1}{2} \times 80°$

$\qquad = \mathbf{40°}$

75

(1) $\angle x = 2 \times 70°$

$\qquad = \mathbf{140°}$

(2) $\angle x = \dfrac{1}{2} \times (180° - 2 \times 25°)$

$\qquad = \dfrac{1}{2} \times 130°$

$\qquad = \mathbf{65°}$

76

(1) 四角形 ABCD は円に内接しているので

$\qquad \angle x = \angle \mathrm{BAD} = \mathbf{115°}$

また $\angle y + 75° = 180°$

よって $\angle y = 180° - 75°$

$\qquad = \mathbf{105°}$

(2) 四角形 ABCD は円に内接しているので

$\qquad \angle x + 65° = 180°$

よって $\angle x = 180° - 65°$

$\qquad = \mathbf{115°}$

また $\angle y = \angle \mathrm{BCD} = \mathbf{84°}$

77

1 組の対角の和が $180°$ になるものを選ぶ。

① $62° + 118° = 180°$ だから 円に内接する。

② $55° + 115° = 170° \neq 180°$ だから 円に内接しない。

③ $110° + 90° = 200° \neq 180°$ だから 円に内接しない。

よって ①

78

(1) $\angle x = \angle \mathrm{TAB}$

$\qquad = \mathbf{85°}$

(2) $\angle x = \angle \mathrm{TAC}$

$\qquad = \mathbf{100°}$

79

(1) $\angle x = \angle \mathrm{ACB}$

$\qquad = \dfrac{1}{2} \times 150° = \mathbf{75°}$

(2) $\angle x = 2 \times \angle \mathrm{ABC}$

$\qquad = 2 \times \angle \mathrm{TAC}$

$\qquad = 2 \times 65° = \mathbf{130°}$

80

$\mathrm{BF} = \mathrm{BD} = 9, \quad \mathrm{CE} = \mathrm{CD} = 4$

$\mathrm{AF} = \mathrm{AE} = \mathrm{AC} - \mathrm{CE}$

$\qquad = 10 - 4 = 6$

よって $x = \mathrm{BF} + \mathrm{AF}$

$\qquad = 9 + 6 = \mathbf{15}$

81

$\mathrm{BF} = \mathrm{BD} = 3$

$\mathrm{AE} = \mathrm{AF} = \mathrm{AB} - \mathrm{BF}$

$\qquad = 14 - 3 = 11$

よって $x = \mathrm{CE}$

$\qquad = \mathrm{AC} - \mathrm{AE}$

$\qquad = 24 - 11 = \mathbf{13}$

82

$\mathrm{PA} \times \mathrm{PB} = \mathrm{PC} \times \mathrm{PD}$ より

$\qquad 6 \times 9 = x \times 12$

よって $x = \dfrac{9}{2}$

83

$\mathrm{PA} \times \mathrm{PB} = \mathrm{PC}^2$ より

$5 \times (5 + 7) = x^2$

$\qquad x^2 = 60$

$x > 0$ だから $x = \sqrt{60} = \mathbf{2\sqrt{15}}$

84

(1) 図 1 から

$d = 10 - 4 = \mathbf{6}$ (cm)

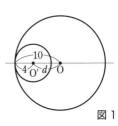

図1

(2) 図 2 から

$d = 10 + 4 = \mathbf{14}$ (cm)

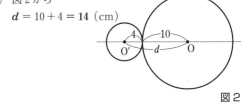

図2

85

$9 - 5 < d < 9 + 5$ だから

$\qquad \mathbf{4 < d < 14}$

86

87

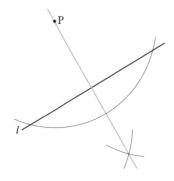

90

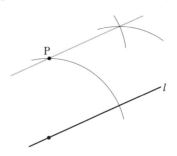

88

(1)

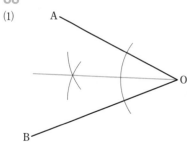

(2)

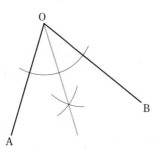

91

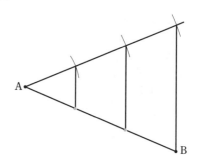

92

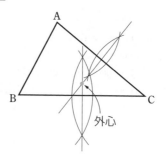

89

(1)

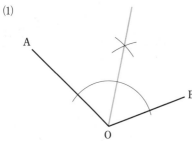

93

線分 AB と線分 BC の垂直 2 等分線をそれぞれ引き，その交点を O とすると，点 O が △ABC の外心である。

点 O を中心とする半径 OA の円が，この円形劇場のもとの大きさの円である。

(2)

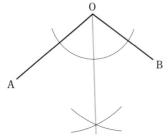

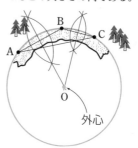

94

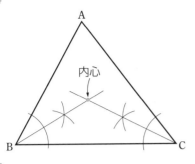

95

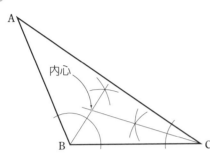

96

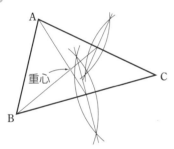

97

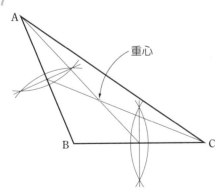

98

(ア) と (ウ)

99

(1) 直線 EH を直線 AD に，平行に移動して考えると，
求める角は **90°** である。

(2) 直線 FG を直線 BC に，平行に移動して考えると，
求める角は **45°** である。

100

(1) ∠ACD ＝ 45° だから
求める角は **45°**

(2) 右の図で，∠PQF ＝ 90°
だから
求める角は **90°**

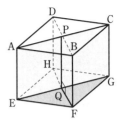

101

(1) ∠ACG ＝ 90° だから，求める角は **90°**

(2) ∠ACD ＝ 30° だから，求める角は **30°**

102

(1) 平面EFGH，平面BFGC

(2) 平面AEFB，平面DHGC

(3) 直線EF，直線FG，直線GH，直線HE

103

(1) 直線AD，直線BE，直線CF

(2) 平面ABC

(3) 平面ADFC，平面BEFC

104

(1) $v = 6$，$e = 9$，$f = 5$
よって $v - e + f = 6 - 9 + 5 = $ **2**

(2) $v = 6$，$e = 10$，$f = 6$
よって $v - e + f = 6 - 10 + 6 = $ **2**

105

$v = 10$，$e = 15$，$f = 7$
よって $v - e + f = 10 - 15 + 7 = $ **2**

106

(1) 5 と 12 の和と差を求めると
$(12 - 5) < 13 < (12 + 5)$
が成り立つから，**三角形ができる。**

(2) 6 と 9 の和 15 が，他の 1 つの線分の長さ 15 より大
きくないから，**三角形ができない。**

107

(1) AC ＞ AB だから ∠B ＞ ∠C
AB ＞ BC だから ∠C ＞ ∠A
よって ∠B ＞ ∠C ＞ ∠A

(2) AB ＞ AC だから ∠C ＞ ∠B
AC ＞ BC だから ∠B ＞ ∠A
よって ∠C ＞ ∠B ＞ ∠A

108

(1) 100 が 1 つ, 10 が 5 つ, 1 が 3 つだから　**153**
(2) 100 が 4 つ, 10 が 2 つ, 1 が 7 つだから　**427**
(3) 1000 が 3 つ, 100 が 1 つ, 10 が 4 つ, 1 が 8 つだから　**3148**

109

(1)

(2)

(3)

110

(1) 10 の束が 1 つと 1 が 3 つだから　**13**
(2) 10 の束が 3 つと 1 が 6 つだから　**36**
(3) 60 の束が 2 つ, 10 の束が 1 つ, 1 が 3 つだから
$60 \times 2 + 10 \times 1 + 1 \times 3 = \mathbf{133}$

111

(1)

(2)

(3) $72 = 60 + 12$ だから

112

(1) $5 \times 10^2 + 7 \times 10 + 8 \times 1$
(2) $7 \times 10^2 + 2 \times 10 + 3 \times 1$
(3) $2 \times 10^3 + 7 \times 10^2 + 6 \times 10 + 3 \times 1$
(4) $2 \times 10^4 + 1 \times 10^3 + 3 \times 10^2 + 7 \times 10 + 6 \times 1$

113

(1) $3 \times 10^2 + 3 \times 10 + 0 \times 1$
(2) $1 \times 10^3 + 0 \times 10^2 + 1 \times 10 + 0 \times 1$
(3) $6 \times 10^3 + 0 \times 10^2 + 0 \times 10 + 1 \times 1$
(4) $3 \times 10^4 + 0 \times 10^3 + 2 \times 10^2 + 0 \times 10 + 8 \times 1$

114

(1) $1 \times 2^2 + 0 \times 2 + 1 \times 1$
$= 4 + 1 = \mathbf{5}$
(2) $1 \times 2^3 + 0 \times 2^2 + 0 \times 2 + 0 \times 1$
$= \mathbf{8}$
(3) $1 \times 2^3 + 1 \times 2^2 + 0 \times 2 + 1 \times 1$
$= 8 + 4 + 1 = \mathbf{13}$

115

(1) $1 \times 2^4 + 0 \times 2^3 + 1 \times 2^2 + 0 \times 2 + 1 \times 1$
$= 16 + 4 + 1 = \mathbf{21}$
(2) $1 \times 2^4 + 1 \times 2^3 + 1 \times 2^2 + 1 \times 2 + 1 \times 1$
$= 16 + 8 + 4 + 2 + 1 = \mathbf{31}$
(3) $1 \times 2^5 + 0 \times 2^4 + 1 \times 2^3 + 1 \times 2^2 + 0 \times 2 + 1 \times 1$
$= 32 + 8 + 4 + 1 = \mathbf{45}$

116

(1)
$$
\begin{array}{r}
2)\underline{6} \\
2)\underline{3} \cdots 0 \\
1 \cdots 1
\end{array}
$$
よって　$6 = \mathbf{110}_{(2)}$

(2)
$$
\begin{array}{r}
2)\underline{11} \\
2)\underline{5} \cdots 1 \\
2)\underline{2} \cdots 1 \\
1 \cdots 0
\end{array}
$$
よって　$11 = \mathbf{1011}_{(2)}$

(3)
$$
\begin{array}{r}
2)\underline{24} \\
2)\underline{12} \cdots 0 \\
2)\underline{6} \cdots 0 \\
2)\underline{3} \cdots 0 \\
1 \cdots 1
\end{array}
$$
よって　$24 = \mathbf{11000}_{(2)}$

117

(1)
$$
\begin{array}{r}
2)\underline{38} \\
2)\underline{19} \cdots 0 \\
2)\underline{9} \cdots 1 \\
2)\underline{4} \cdots 1 \\
2)\underline{2} \cdots 0 \\
1 \cdots 0
\end{array}
$$
よって　$38 = \mathbf{100110}_{(2)}$

(2)
$$
\begin{array}{r}
2)\underline{43} \\
2)\underline{21} \cdots 1 \\
2)\underline{10} \cdots 1 \\
2)\underline{5} \cdots 0 \\
2)\underline{2} \cdots 1 \\
1 \cdots 0
\end{array}
$$
よって　$43 = \mathbf{101011}_{(2)}$

(3)
$$
\begin{array}{r}
2)\underline{64} \\
2)\underline{32} \cdots 0 \\
2)\underline{16} \cdots 0 \\
2)\underline{8} \cdots 0 \\
2)\underline{4} \cdots 0 \\
2)\underline{2} \cdots 0 \\
1 \cdots 0
\end{array}
$$
よって　$64 = \mathbf{1000000}_{(2)}$

118

(1)
```
    1 1 0 1
+   1 0 1 0
---------
  1 0 1 1 1
```
よって $1101_{(2)} + 1010_{(2)} = \mathbf{10111}_{(2)}$

(2)
```
    ¹   ¹
    1 0 1 1
+   1 1 1 0
---------
  1 1 0 0 1
```
よって $1011_{(2)} + 1110_{(2)} = \mathbf{11001}_{(2)}$

119

図は，$1011_{(2)}$ である 2 進法の数を表している。
よって，10 進法で表すと
$1 \times 2^3 + 0 \times 2^2 + 1 \times 2 + 1 \times 1 = \mathbf{11}$

120

(1) 1 から 32 までの整数について，32 をわり切ることができる整数を調べていけばよい。
よって，32 の約数は **1, 2, 4, 8, 16, 32**

$$\left(\begin{array}{l}
32 \text{ を 2 つの整数のかけ算で表すと}\\
1 \times 32 \quad \rightarrow \quad 1 \text{ と } 32 \text{ は } 32 \text{ の約数}\\
2 \times 16 \quad \rightarrow \quad 2 \text{ と } 16 \text{ は } 32 \text{ の約数}\\
4 \times 8 \quad \rightarrow \quad 4 \text{ と } 8 \text{ は } 32 \text{ の約数}
\end{array}\right)$$

(2) 1 から 45 までの整数について，45 をわり切ることができる整数を調べていけばよい。
よって，45 の約数は **1, 3, 5, 9, 15, 45**

$$\left(\begin{array}{l}
45 \text{ を 2 つの整数のかけ算で表すと}\\
1 \times 45 \quad \rightarrow \quad 1 \text{ と } 45 \text{ は } 45 \text{ の約数}\\
3 \times 15 \quad \rightarrow \quad 3 \text{ と } 15 \text{ は } 45 \text{ の約数}\\
5 \times 9 \quad \rightarrow \quad 5 \text{ と } 9 \text{ は } 45 \text{ の約数}
\end{array}\right)$$

(3) 1 から 64 までの整数について，64 をわり切ることができる整数を調べていけばよい。
よって，64 の約数は
1, 2, 4, 8, 16, 32, 64

$$\left(\begin{array}{l}
64 \text{ を 2 つの整数のかけ算で表すと}\\
1 \times 64 \quad \rightarrow \quad 1 \text{ と } 64 \text{ は } 64 \text{ の約数}\\
2 \times 32 \quad \rightarrow \quad 2 \text{ と } 32 \text{ は } 64 \text{ の約数}\\
4 \times 16 \quad \rightarrow \quad 4 \text{ と } 16 \text{ は } 64 \text{ の約数}\\
8 \times 8 \quad \rightarrow \quad 8 \text{ は } 64 \text{ の約数}
\end{array}\right)$$

121

(1) **5, 10, 15, 20, 25, 30, 35, 40**

(2) **6, 12, 18, 24, 30, 36, 42, 48**

(3) **14, 28, 42, 56, 70**

122

(1) 32 の約数は
1, 2, 4, 8, 16, 32
48 の約数は
1, 2, 3, 4, 6, 8, 12, 16, 24, 48
よって，最大公約数は 16 だから，

求める正方形の 1 辺の長さは **16**

(2) 36 の約数は
1, 2, 3, 4, 6, 9, 12, 18, 36
90 の約数は
1, 2, 3, 5, 9, 10, 18, 30, 45, 90
よって，最大公約数は 18 だから，
求める正方形の 1 辺の長さは **18**

(3) 60 の約数は
1, 2, 3, 4, 5, 6, 10, 12, 15, 20, 30, 60
180 の約数は
1, 2, 3, 4, 5, 6, 9, 10, 12,
15, 18, 20, 30, 36, 45, 60, 90, 180
よって，最大公約数は 60 だから，
求める正方形の 1 辺の長さは **60**

123

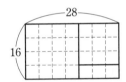

$54 = 24 \times \boxed{2} + \boxed{6}$
$24 = 6 \times \boxed{4}$

124

(1) ① $28 = 16 \times 1 + 12$ だから，1 辺 16 の正方形 1 つを切り取る。

② $16 = 12 \times 1 + 4$ だから，1 辺 12 の正方形 1 つを切り取る。

③ $12 = 4 \times 3$ だから，残りの長方形は，1 辺 4 の正方形でしきつめられる。

①～③より，もとの長方形は，**1 辺 4 の最大の正方形**でしきつめられる。

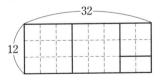

(2) ① $32 = 12 \times 2 + 8$ だから，1 辺 12 の正方形 2 つを切り取る。

② $12 = 8 \times 1 + 4$ だから，1 辺 8 の正方形 1 つを切り取る。

③ $8 = 4 \times 2$ だから，残りの長方形は，1 辺 4 の正方形でしきつめられる。

①～③より，もとの長方形は，**1 辺 4 の最大の正方形**でしきつめられる。

125

(1) $748 = 272 \times 2 + 204$

$272 = 204 \times 1 + 68$

$204 = 68 \times 3$

よって，最大公約数は **68**

(2) $855 = 665 \times 1 + 190$

$665 = 190 \times 3 + 95$

$190 = 95 \times 2$

よって，最大公約数は **95**

126

(1) $864 = 360 \times 2 + 144$

$360 = 144 \times 2 + 72$

$144 = 72 \times 2$

よって，最大公約数は 72

したがって，求める正方形の1辺の長さは **72**

(2) $828 = 644 \times 1 + 184$

$644 = 184 \times 3 + 92$

$184 = 92 \times 2$

よって，最大公約数は 92

したがって，求める正方形の1辺の長さは **92**

127

(1) 台形 $ABCD = \dfrac{1}{2} \times (4+8) \times 5 = 30$ (m²)

$\triangle EFG = \dfrac{1}{2} \times 2 \times 3 = 3$ (m²)

よって，求める面積は

$30 - 3 = \mathbf{27}$ (m²)

(2) $\triangle AED = \dfrac{1}{2} \times 6 \times 5 = 15$ (m²)

$\triangle AFD = \dfrac{1}{2} \times 6 \times 3 = 9$ (m²)

よって，求める面積は

$15 - 9 = \mathbf{6}$ (m²)

(3) 正方形 $ABCD = 9 \times 9 = 81$ (m²)

$\triangle ADE = \dfrac{1}{2} \times 9 \times 6 = 27$ (m²)

$\triangle BEF = \dfrac{1}{2} \times (9-5) \times (9-6)$

$= \dfrac{1}{2} \times 4 \times 3 = 6$ (m²)

$\triangle CFD = \dfrac{1}{2} \times 9 \times 5 = \dfrac{45}{2}$ (m²)

よって，求める面積は

$81 - \left(27 + 6 + \dfrac{45}{2}\right) = \dfrac{\mathbf{51}}{\mathbf{2}}$ (m²)

128

(1) $AB : DE = AC : DF$

$10 : 15 = 6 : x$

$10 \times x = 15 \times 6$

$x = \mathbf{9}$

(2) $BC : EF = AC : DF$

$4 : 8 = x : 7$

$8 \times x = 4 \times 7$

$x = \dfrac{\mathbf{7}}{\mathbf{2}}$

129

$\triangle ABC$ と $\triangle DEF$ は相似だから

$AC : DF = BC : EF$

$AC : 1.8 = 5 : 1.2$

$1.2 \times AC = 1.8 \times 5$

$AC = 1.8 \times 5 \div 1.2$

$= \mathbf{7.5}$ (m)

130

$A(3, 2)$

$B(-2, -4)$

$C(-4, 4)$

$D(0, -1)$

131

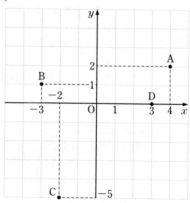

132

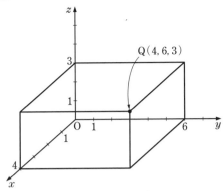

133

点 D の座標は

$$(5+2,\ 1+4,\ 0+3)$$

よって **(7, 5, 3)**

［数Ⅰ707 新編数学Ⅰ　数A707 新編数学A］準拠

新課程版

ステージノート

数学 Ⅰ+A

Mathematics

実教出版

1 整式の加法・減法

整式の加法・減法は，次の法則にしたがって計算し，同類項を整理する。
[1] 交換法則　$A+B=B+A$
[2] 結合法則　$(A+B)+C=A+(B+C)$
[3] 分配法則　$m(A+B)=mA+mB$
　　　　　　　ただし，m は実数

2 指数法則

m，n を正の整数とするとき
[1] $a^m a^n=a^{m+n}$　　[2] $(a^m)^n=a^{m\times n}$
[3] $(ab)^n=a^n b^n$

3 整式の乗法

整式の展開は，次の分配法則を用いて行う。
$A(B+C)=AB+AC$
$(A+B)C=AC+BC$

4 乗法公式

[1] $(a+b)^2=a^2+2ab+b^2$
　　$(a-b)^2=a^2-2ab+b^2$
[2] $(a+b)(a-b)=a^2-b^2$
[3] $(x+a)(x+b)=x^2+(a+b)x+ab$
[4] $(ax+b)(cx+d)=acx^2+(ad+bc)x+bd$

5 因数分解の公式

Ⅰ．共通因数のくくり出し
$AB+AC=A(B+C)$
Ⅱ．因数分解の公式
[1] $a^2+2ab+b^2=(a+b)^2$
　　$a^2-2ab+b^2=(a-b)^2$
[2] $a^2-b^2=(a+b)(a-b)$
[3] $x^2+(a+b)x+ab=(x+a)(x+b)$
[4] $acx^2+(ad+bc)x+bd=(ax+b)(cx+d)$

6 実数の分類

$$
\text{実数}\begin{cases}\text{有理数}\begin{cases}\text{整数}\begin{cases}\text{正の整数（自然数）}\\0\\\text{負の整数}\end{cases}\\\text{有限小数}\\\text{循環小数}\end{cases}\\\text{無理数（循環しない無限小数）}\end{cases}
$$

7 絶対値

$$
|a|=\begin{cases}a\ (a\geqq0)\\-a\ (a<0)\end{cases}
$$

8 根号を含む式の計算

$a>0$，$b>0$，$k>0$ のとき
[1] $\sqrt{a}\sqrt{b}=\sqrt{ab}$　　[2] $\dfrac{\sqrt{a}}{\sqrt{b}}=\sqrt{\dfrac{a}{b}}$
[3] $\sqrt{k^2 a}=k\sqrt{a}$

9 分母の有理化

[1] $\dfrac{1}{\sqrt{a}}=\dfrac{\sqrt{a}}{\sqrt{a}\times\sqrt{a}}=\dfrac{\sqrt{a}}{a}$

[2] $\dfrac{1}{\sqrt{a}+\sqrt{b}}=\dfrac{\sqrt{a}-\sqrt{b}}{(\sqrt{a}+\sqrt{b})(\sqrt{a}-\sqrt{b})}=\dfrac{\sqrt{a}-\sqrt{b}}{a-b}$

　　$\dfrac{1}{\sqrt{a}-\sqrt{b}}=\dfrac{\sqrt{a}+\sqrt{b}}{(\sqrt{a}-\sqrt{b})(\sqrt{a}+\sqrt{b})}=\dfrac{\sqrt{a}+\sqrt{b}}{a-b}$

10 二重根号　$a>b>0$ のとき

$\sqrt{(a+b)+2\sqrt{ab}}=\sqrt{(\sqrt{a}+\sqrt{b})^2}=\sqrt{a}+\sqrt{b}$
$\sqrt{(a+b)-2\sqrt{ab}}=\sqrt{(\sqrt{a}-\sqrt{b})^2}=\sqrt{a}-\sqrt{b}$

11 不等号

不等号	例	意味
$<$	$a<45$	a は 45 より小さい a は 45 未満
$\leqq$	$a\leqq45$	a は 45 以下
$>$	$a>45$	a は 45 より大きい
$\geqq$	$a\geqq45$	a は 45 以上

12 不等式の性質

$a<b$ のとき
[1] $a+c<b+c$　$a-c<b-c$
[2] $c>0$ ならば　$ac<bc$，$\dfrac{a}{c}<\dfrac{b}{c}$
[3] $c<0$ ならば　$ac>bc$，$\dfrac{a}{c}>\dfrac{b}{c}$

13 連立不等式の解

2つの不等式を同時に満たす x の値の範囲。
$x\geqq3$，$x<7$
$\Rightarrow 3\leqq x<7$

$x>1$，$x\geqq-3$
$\Rightarrow x>1$

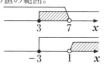

1 集合

包含関係　A が B の部分集合であるとき
$A\subset B$　　　または　　　$B\supset A$
共通部分　$A\cap B=\{x\,|\,x\in A$ かつ $x\in B\}$
和集合　$A\cup B=\{x\,|\,x\in A$ または $x\in B\}$
補集合　$\overline{A}=\{x\,|\,x\in U$ かつ $x\notin A\}$　　（U は全体集合）
ド・モルガンの法則
$\overline{A\cap B}=\overline{A}\cup\overline{B}$，$\overline{A\cup B}=\overline{A}\cap\overline{B}$

2 命題 $p\Longrightarrow q$（p は仮定，q は結論）

① 命題 $p\Longrightarrow q$ は，「p を満たすものはすべて q を満たす」ということを表す。
② 条件 p を満たすもの全体の集合を P，条件 q を満たすもの全体の集合を Q とするとき $p\Longrightarrow q$ が真であることと $P\subset Q$ であることは同じことである。
反例　偽である命題 $p\Longrightarrow q$ において，仮定 p を満たすが結論 q を満たさないもの。
命題が偽であることをいうには，反例を1つだけ示せばよい。

3 条件の否定

条件 p に対して，「p でない」という条件を条件 p の否定といい，$\overline{p}$ で表す。
$\overline{\overline{p}}=p$ すなわち $\overline{p}$ の否定は p

「かつ」の否定，「または」の否定
$\overline{p\text{ かつ }q}\iff\overline{p}\text{ または }\overline{q}$
$\overline{p\text{ または }q}\iff\overline{p}\text{ かつ }\overline{q}$

4 必要条件・十分条件

命題「$p\Longrightarrow q$」が真のとき
p は q であるための　十分条件
q は p であるための　必要条件
「$p\Longrightarrow q$」「$q\Longrightarrow p$」がともに真であるとき
$p\iff q$（p と q は同値）
p は q であるための必要十分条件

5 逆・裏・対偶

6 命題と証明

対偶の利用　命題 $p\Longrightarrow q$ を，その対偶 $\overline{q}\Longrightarrow\overline{p}$ を示すことで証明する。
背理法の利用　条件 p のもとで，q でないと仮定して矛盾を導くことにより，命題 $p\Longrightarrow q$ が真であると結論する。